郁离子◎编著

不计较的
人生智慧

应急管理出版社
·北 京·

图书在版编目（CIP）数据

不计较的人生智慧/郁离子编著 . ‐‐ 北京：应急管理出版社，2019

ISBN 978‐7‐5020‐7730‐3

Ⅰ.①不… Ⅱ.①郁… Ⅲ.①人生哲学—通俗读物 Ⅳ.①B821‐49

中国版本图书馆 CIP 数据核字（2019）第 230777 号

不计较的人生智慧

编　著	郁离子
责任编辑	孙　婷
封面设计	于　芳

出版发行	应急管理出版社（北京市朝阳区芍药居 35 号　100029）
电　话	010‐84657898（总编室）　010‐84657880（读者服务部）
网　址	www. cciph. com. cn
印　刷	三河市宏顺兴印务有限公司
经　销	全国新华书店

开　本	880mm×1230mm$^1/_{32}$　印张　6　字数　151 千字
版　次	2020 年 1 月第 1 版　2020 年 1 月第 1 次印刷
社内编号	20192569　　　定价　32.80 元

刚走出校园的小娟，在号称"宇宙中心"的五道口上班。互联网公司，加班是常态，她会备一些零食在办公室。让她有点儿小烦恼的是：她的零食经常会被同事"帮忙"吃掉。有的当面问她要，有的干脆直接拿走吃了。

小娟觉得这样好吃亏，心里窝了一团火，有时还忍不住借题发挥生气发火。后来，她每次买了零食都放在家里，上班时就在包里带一点儿。就这样，她不再糊里糊涂地损失零食。但这也带来不少的麻烦：她偶尔会忘了带零食，只好饿着肚子；当同事们围着一包零食"众乐乐"时，她也不好意思加入分享……

有一天，小娟终于明白了：她因为计较着那点儿可怜的零食，所付出的代价太大了。不就是几包零食吗？一个月下来让同事吃掉的充其量三五百元，为这点儿小钱计较、生气真是得不偿失。再说，别人吃了自己三五百元，自己不也得吃回二三百元甚至更多？

想通了之后，小娟从此一大包一大包地带零食到公司，也不再计算与计较自己到底吃了多少。她因此而得到的融洽、安乐的价值，要远远大于零食上的损失。

就像小娟一样，人一旦不计较，就和身边的环境和谐了。

不计较，是心中有数却不动声色的涵养，是超脱物外、不累尘世的气度，是行云流水、悠然自得的潇洒，是整体把握、抓大放小的运筹，是甘居下风、谦让豁达的胸怀，是百忍成金、化险为夷的韬略。

一个人越早明白"不计较"对于人生的意义，就越早坐上开往春天的列车。

郁离子

2019年9月

目 录 Contents

第一章　吃亏是福

◆ 做人一定要着眼全局，吃得了亏

中国改革开放以来，紧紧围绕经济建设这一中心，社会取得了长足发展，人们的物质生活水平也有了很大的提高，经济价值的取向冲击着我们的传统观念。拜金主义、享乐主义向大公无私、真情奉献的忘我精神发起了新的挑战。前几年，我听一位老教授讲课时，他说："我们为什么要宣扬爱国主义，为什么讲无私奉献？是因为有人在不断地传播卖国主义这些不良思想，不断荼毒着我国人民，传播自私自利的自由主义。"这些话，我想不是危言耸听，这种现象在社会上确实存在。因为，在经济全球化的大趋势下，资本主义的沉渣和思潮也冲击着我们社会主义的体制和价值观。

我们的社会和家庭都在教育或者潜移默化地引导着一代人学会竞争，学会赢得财富和名利，学会在未来的发展中不吃亏。实际上注入我们头脑中的这些观念不能说是不正确，但是，更重要的是我们应该如何正确思考、如何正确处理和对待发生在生活中的事件。在生活中，总会有比你卓越的人，你总会遇到不公正的事。在现实当中，谁也不能保证对每件事情都给予绝对的公平。公平是相对的，吃亏与享福也是相对的。有得必有失，有失必有得。不要只看别人一直在得到，其实，是你没有看到他曾经的艰苦付出。不要只看有钱人整日养尊处优，他们在背后或许还不如普通人活得轻松自在。此外，从身心健康的角度上来讲，那些处心积虑、想尽办法去获利的人，是以牺牲自己的时间、精力、智慧乃至健康生命为代价的，他们比一般人付出的不知多出多少倍。现在的得到，就是从前和以后的失去，他们是在早年就透支了自己的生命，多年以后很可能会得难以治愈的疾病，守着大把的金钱和优越的物质条件痛苦地生活着。所以说何为吃亏、何为享福，这都是相对的。如同幸福一样，它只是一个人内心的感受，与生活的富贵贫贱无关，只是对自身和客观世界的认知罢了。

我们在生活中难免会有失去，包括金钱、地位、权势、爱情、健康等，如果一直放不下，不能从痛苦中解脱出来，那么生活还有什么意义？显然，失去后的感觉是痛楚、苦涩和无奈的，不会像拥有得到时那样满足和幸福，但毕竟已经失去了，痛苦和消沉于事无补。我们认为，聪明的人以通观全局的眼光肯吃亏，是一种精明睿智的妥协，是大智若愚的气度，是为了获取更大更长远的利益，是致力于拓展自己前进的道路。谋大事者，善于包容，"海纳百川，有容乃大"。包容别人要学会换位思考，能够以退为进，让别人心存感激，才能把自己脚下的路拓展成为阳关大道。"吃亏"可以理解为"放长线钓大鱼"，更是一览众山小的博大，一种运筹帷幄的伟岸策略。舍得一些小利去谋求大的目标，是甘于付出的健康心态，是以退为进、不去强争的气度，是看透人生的豁达。

有一则故事让人很受启发。讲的是一个人从出生就非常不幸，少年丧母，青年丧父，后来又在一次车祸中失去了双腿，娶妻之后，妻子又因难产死亡。他痛苦万分，实在难以忍受命运对他的不公，就责问上帝："为什么要让我的一生在痛苦和失去中度过？"上帝就把他带到一个刚升天不久的灵魂前说："这个人一生顺利，家庭富裕，生活美满，从来没碰到过不幸的事情，更没有失去过什么，可他唯一一次生意失败就自杀来到了这里。"他听完上帝的解释恍然大悟，失去原来也是一种财富，因为经历了太多的失去，所以变得坚强无比。由此看来，要坦然面对失去，学会调整自己的心态，在内心的深处真正吃得了亏。有时候为了得到，我们就不得不品尝失去的痛苦。吃亏不一定就是损失，而是为苟且生存和发展的选择。

有这样一则很可笑的寓言故事。传说有一大，阎罗王正在分发小鬼们投胎的去处，他一拍抚尺说道："张三你到东村投胎做人，李四你到西村做人。"堂中的抚尺声此起彼落，阎罗王依次分派。这时，等在一旁的猴子忍不住开口抗议："阎罗王，无论张三还是李四，你都让他们到人间投胎，请你发发慈心，也让我这只猴子尝尝做人的滋味吧。"阎罗王说："你这只猴子啊，全身毛茸茸的，怎么到人间做人呢？"猴子说："我把身上的毛都拔光，可以到人间做人吗？"阎罗王拗不过猴子的再三哀求，答应猴子拔毛。阎罗王才伸手拔了猴子一根毛，猴子就痛得吱吱叫，一溜烟便逃得没影了。阎罗王叹了一口气说："连一根毛也舍不得，怎么有资格做人！"我们能在世为人，按照佛陀的观点，这是很不容易的事情。如果今生吝啬，不肯与人分享，如猴子一毛不拔，怎么有资格做人呢？

将欲歙之，必固张之；将欲弱之，必固强之；将欲废之，必固兴之；将欲取之，必固与之。

在现实生活中，当你的资本不够雄厚、人力资源贫乏、实力不够强大时，要想实现自己的愿望或目的直接手段很难成功时，就可以采取迂回策略，这样才能出现"峰回路转，曲径通幽"的境况。该退让的时候就要退让，该吃亏的时候就要吃亏，退让也好，吃亏也罢，所做的这一切都是为了更好地前进和发展。毛泽东在军事战略上就能够很好地运用这一点，能够着眼全局科学决策，如"敌进我退"，就是避开锋芒，伺机取得主动，从而起到"四两拨千斤"的作用。"二战"期间，日军攻取新加坡也是避开英军坚强的海上防线，穿过几乎无法通过的热带丛林发动出其不意的背后进攻取得胜利。在现实中，只要我们能够洞察实际，判断事物的发展趋势，正确决策，以平和的心态应对，那么许多事情都会迎刃而解，赢得最后的成功。

"秦时明月汉时关，万里长征人未还。但使龙城飞将在，不教胡马度阴山"，说的是汉代民族英雄李广的高尚品德，他不顾自己年老，仍然不辞辛劳，承担起安定边疆的任务，这种顾全大局的精神令后人钦佩。

◆ 表面吃亏，实则享利

目光短浅的人永远只能看到蝇头小利。很多时候，我们之所以与机遇失之交臂，并不是机遇不肯眷顾我们，而是我们太顾及眼前的利益，不肯将目光放得长远，正所谓"一叶障目，不见泰山"。

有人认为"吃亏是福"是一种不思进取，不敢面对现实，自我麻醉的"阿Q"精神。虽然吃亏本身意味着舍弃与失去，但是如果凡事都讲求获取，那么有谁还愿意对你付出呢！太在意自己的得失，就是自私自利，太工于心计，就会舍本逐末。因此，承受吃亏应是一种自信的表现，是一种勇气，是一种超脱，更是一种智慧。

东汉时期，有一个叫甄宇的在朝官吏，时任太学博士。他为人忠厚，遇事谦让。有一次皇上把一群外番进贡的活羊赐给了在朝的官吏，在分配活羊时，负责分羊的官吏犯了愁，这群羊大小不一、肥瘦不均，怎么分群臣才没有异议呢？这时，大臣们纷纷献计献策，有人说："干脆抓阄分羊，好不好全凭运气。"就在大家七嘴八舌争论不休的时候，甄宇站了出来，说："分只羊不是很简单的事吗？依我看，大家随便牵一只羊走不就可以了吗？"说着，他牵了一只最瘦小的羊走了。看到甄宇牵了最瘦小的羊走了，其他大臣都挑拣小羊走，很快，羊都被牵光了。每个人都没有怨言。后来，这事传到光武帝耳中，甄宇得了"瘦羊博士"的美誉，称颂朝野。不久，在群臣的推荐下，甄宇又被朝廷提拔为太学博士院长。从表面上看，甄宇牵走了小羊吃了亏，但是，他却得到了群臣的拥戴、皇上的器重。甄宇是得了大便宜。吃点儿亏一点儿也不亏，而是有着深谋远虑的精明之举。

也许很多人认为自己只挣一点儿工薪，就拼命地干太吃亏，是愚蠢的行为。同样的道理，工作也不能只看眼前的得失，而要向长远看。今天拼命工作，才能在明天取得更大的成绩，才有可能获得上司的青睐和重用。

有一个发生在希尔顿首任经理身上的传奇故事。一对老年夫妻走进一家旅馆，他们想要一个房间，可是已经没有可供客人住宿的房间。服务员想到在这个时间其他的旅店也早已客满了，他不忍心让这对疲惫不堪的老人在深夜流落街头，于是这个好心的服务员将这对老人领到自己的房间住了一宿，而他自己一夜没睡，在前台一直值夜班。两位老人感动地称赞这个服务员是他们见过的最好的旅店经营人。此后的一天，这个服务员接到了一封信和一张去纽约的单程机票，说是聘请他去做另一份工作。他按信中所标注的路线来到了一座金碧辉煌的大酒店，原来几个月前那个深夜他接待的是一个亿万富翁。这个富翁买下了一座大酒店，并深信他会经营管理好，于是让他担任经理。

还有一对老教授夫妇想找一个保姆照顾饮食起居，月薪是六百多元。很多下岗女工来应聘都嫌工资太低而放弃了。有一位年轻的姑娘认为老教授夫妇都是知识分子，有空余时间可以和他们学到知识，还不用交学费，甚至还可以领到一些工资，她非常高兴地当了教授夫妇的保姆，尽心地照顾着两位老人。两位老人对她的工作很满意，主动给她加了工钱。两年下来，老教授帮助小保姆学完了大专全部课程并拿到了文凭。小保姆高兴地说运气不是碰来的，是要靠自己抓住机遇。小保姆的这番话很有道理，如果当初大家不嫌工资低，能把目光放长远一点，未必她会有机会，正是因为别人只看到眼前利益，放弃了，所以被目光长远的她抓住了。她看重的是长远的利益，而不是单纯计较工钱的多少。这样一来，即使有一天，老教授夫妇不再需要保姆，她也完全可以凭借自己的本事再找到另外一份很不错的工作。可见，机会也需要你将目光放长远一点，才能在其到来的时候发现并抓住。如今有很多下岗工人因为经济拮据，在再就业的选择中，他们的目光通常都聚集在工资的多少以及工种的优劣上，殊不知局限他们发展的往往就是这些因素。

这些故事中的主人，从表面上看，他们是有点儿吃亏，但是，他们都能够以积极乐观的心态去面对每一个人、每一件事，最终都得到了意想不到的福报。古今中外，类似这样的例子很多，"凡事预则立，不预则废"，如果我们对人对事都能从长远着想，做好吃亏的心理准备，就有可能得到应有的回报。

◆ 若是能吃亏，必然少是非

我们生活在浮躁的社会里，人们常常在意表面上的得与失，而且想方设法地以投入最少的劳动换取最大的收获。如果达不到自己预期的目的就认为吃了大亏，悲观失望，不思进取。但是如果我们不过分在意自己吃了多少亏，失去了多少，乐于接受这样不如意的事情，那么，我们的生活就会减少许多是非纷争。如能做到这一点，看待人和事，无论好坏美丑还是是非善恶，我们都会心平气和地小心面对，身心在周围的世界中会变得和谐美好。和谐自会招来善缘，正直宽厚的朋友会来相助。

在我们的生活中，一些人总是不肯吃看得见的小亏，反而在以后吃了大亏。"从面前弹他一指头他就永远记恨在心，从后面揍他一拳头他却不以为然"，这是对看不开事理的人的讽刺。在人际交往中，没有哪一个人不曾吃过亏，或心甘情愿或被迫地吃亏，你都必须经历。并不是所有的占便宜都值得庆幸，也不是所有的吃亏都使人难以忍受和痛苦，也不是所有的吃亏都是坏事。丢掉蝇头小利是为了得到"西瓜"般的大利。"人为财死，鸟为食亡"，人作为万物之灵，却同禽类如出一辙，确实是人类的悲哀。"君子求财，取之有道"才是我们推崇的"守道"求财法则。"道"是什么，这个"道"也许就是老子所说的"非常道"吧，志不同，则道也不同，是见仁见智的问题，这也许是我们一生都难以琢磨透的。

做人需要踏实，切不可去多贪多占小便宜，弄不好反而要吃大亏。一些人为了自己的利益，不肯吃一点儿亏，为了多贪多占而演出了一幕幕你争我夺的人间悲剧，看来他们是不知吃亏与占便宜也如祸与福一样，是相互依存又可以相互转化的道理。很多人意识不到这一点，目光短浅，只顾眼前的蝇头小利，最后掉入失败的深渊。人的一生不能只占便宜而不吃亏。那些具有远见卓识的智者愿意吃点儿小亏，减少是非，避免不必要的失败，而走向成功。明朝时历任五代大臣的杨士奇就是一个不贪便宜成功的典范，值得后人称颂。他为人谦恭礼让，曾担任大学士，他在政治、经济上的待遇都已经非常丰厚，后来又兼任礼部尚书和兵部尚书。他认为，兵部尚书的职务可以担任，工作也可以做，但丰厚俸禄不能再领取。也正因为他主动让利，才使皇上觉得他忠诚可靠，忠心为国，不谋私利，是靠得住的官员，这也是他能够在钩心斗角的朝政之中安然度过五代的根本原因。

在生活中，谁都想与可靠的人合作。不贪图便宜的人一般不会吃大亏，而且终究也都平安无事。反之，总爱贪图便宜的人最终很难占到真正的便宜，还会因此而毁掉自己。要做到不计较吃亏，甚至主动吃亏，就需要忍让，需要装糊涂。清代郑板桥曾说："为人处，即是为己处。"

如果我们社会上的每一个人都能有吃亏精神，相互关爱，而不是相互拆台，那么这个世界也将变得更加和谐美好。如此看来，吃亏不仅是个人的福分，而且是我们全人类的福分。

◆ 吃得亏中亏，方能健心智

吃亏磨炼心志最好的例证，我看就是提出"吃亏是福"的郑板桥老先生了。一个清代乾隆年间的进士，一个山东小县的七品芝麻官，一个一心为民请命的清官却得罪了上边被免职回乡。从表面上来看，郑板桥先生丢了官是吃了大亏，但从长远去看，又不尽然。他回到老家，摆脱了官场的钩心斗角和名缰利锁的羁绊，精研诗词书画，自成一家。他的书法"隶、楷、行"三书立体相渗，疏放挺秀，自成一格，其画更是清幽淡雅，颇具风骨，画中尤擅兰花修竹，秀逸有致，隽永奇高，"宁可食无肉，不可居无竹"的高度赞誉，高风亮节，堪称极品。使他扬名后世的正是他自成一体的诗、书、画三绝并存的奇异风采，他当年为官的声誉哪里比得上一代诗词书画的名儒令人钦佩呢？

古人常讲"大智若愚",指真正有智慧的人从表面上看都显得很愚笨。孔丘去访问老子李聃,老子对孔子说:"君子盛德,容貌若愚。"意思是指那些品德高尚、才华横溢的人,从外表上看与愚蠢笨拙的普通人没有什么差别。大智若愚,在外表的愚笨之后,隐含无限巧计,有如大巧无术一般,愚的背后隐藏着大彻悟、大智慧。藏锋露拙,是一种智者的行为,用以待人处世和修身养性,是一种智慧人生,可以保全自己,免遭各种是非。木秀于林,风必摧之;行高于岸,流必湍之。如果一个人锋芒毕露,从不低头,毫不吃亏,就不免遭到别人的嫉恨和非议,以至于打击报复,这样的例证在现实生活中比比皆是。在整个自然界中,除了为物之灵的人类以外,各种生物都被视作能让人任意宰割的生命体。其实,它们各自都有一套趋吉避凶的妙法。如蜥蜴的身体颜色会随着季节和环境颜色的改变而改变,竹节虫能够爬附在树枝上如同竹节一般,枯叶蝶伪装成枯黄的树叶,它们都能够以此来骗过天敌的眼睛,还有的动物遇危险时假装死亡以迷惑敌人。在人类看来,这些方法未免太低级,可正是这些看似无能的方法却能使生物种群得以生存和延续。在中国古代,伴君如伴虎,皇帝左右的嫔妃和王公大臣,稍有不慎,便有性命之忧,时时刻刻战战兢兢,如临深渊,在这种情况下,大智若愚的人才更能独善其身。古代历史记载,商纣王在历史上是个有名的暴君,终日饮酒作乐,不理朝政,竟然弄不清年月日,问左右的人也都说不清楚。纣王又派人问一个叫箕子的大臣,箕子也假装酒醉,推说自己也不知道今天是几月几日。其实,箕子是很清醒的,他悄悄对自己的弟子说,一国大王没有日月概念,全国的人民也不会有日月概念,这样国家就危险了,而一国的人都不知道时日,只有我一个人知道,那么我也就很危险了,因此跟着装作糊涂而得以保命。大智若愚,不仅是一种自我保全的智慧,同时也是一种实现自己目标的智慧。俗语说"虎行似病"，吃人的前兆老虎装成病恹恹的样子，所以聪明不露，关键的时刻才爆发出别人不可想象的力量。这就是所谓"藏巧于拙，用晦如明"。现实中，人们不管本身是机巧奸猾还是忠直厚道，几乎都喜欢傻呵呵不会弄巧的人，因为这样的人不会对自己造成巨大的威胁，会使人放松戒备。所以，要想达到自己的目标，没有机巧权变是不行的，但又要懂得藏巧，不为人识破，也就是"聪明而愚"。大智若愚并非让人人都去假装愚笨，它强调的只不过是一种处世的智慧，即要谨言慎行，谦虚待人，该吃亏的时候就要吃亏，磨炼自己的忍性韧性，百折不挠、坚忍不拔与坚强不屈同样重要。同时，倘若一个人能够谦虚诚恳地待人，便会得到别人的好感，若能谨言慎行，更会赢得人们的尊重。由此看来，吃亏与否不是问题的关键，真正重要的是要具有不计个人得失、敢于吃亏的风度和眼光长远、大智若愚的人生智慧。

◆ 吃小亏，占大便宜

美国第九届总统威廉·哈里逊，小时候不仅家里很穷，而且由于他沉默寡言，人们甚至认为他是个傻孩子。家乡的人也常常拿他开玩笑。比如，拿一枚五分的硬币和一枚一角的银币放在他面前，然后告诉他只准拿其中的一枚。每次，哈里逊都是拿那枚五分的，而不拿一角的。

一次，一位妇女看他这样可怜，就问他："孩子，你难道真的不知道哪个更值钱吗？"

哈里逊回答说："当然知道，夫人，可要是我拿了那枚一角的银币，他们就再不会把五分的硬币摆在我面前，那么，我就连五分也拿不到了。"

当你只拿五分钱的硬币时，你得到的可能是以后许多个"五分

钱"。"傻"孩子的智谋绝不是小聪明的表现，里面蕴含着上等的
智慧。

这就是会变通的为人处世的表现，吃一些小亏反而能占很大的
便宜。

斯未尔诺夫伏特加酒厂的经理休布兰是一位踌躇满志的企业家。

他的酒厂在20世纪60年代遭到了沃尔夫施密特酿酒厂猛烈的进攻。
这种进攻，以价格来决定胜负。沃尔夫施密特酒每瓶价格比斯未尔诺夫
伏特加便宜一美元。很明显，市场领导者在受到挑战后处于相当不利的
地位。如果降价，就会损失大量的利润；如果不降价，那么它原有的销
售额就会被降价的对手逐渐夺去，结果也是利润下降。

怎么办呢？休布兰对沃尔夫施密特酿酒厂的进攻佯装不知，反而把
斯未尔诺夫酒的价格提高了一美元，使它每瓶比沃尔夫施密特酒贵二美
元，以"显示"他卖的酒确实是一种"更好的"伏特加，让对手任意降
价抛售。然后，休布兰又出了两种新酒：一种伏特加的价格和沃尔夫一
样，另一种则比它便宜一美元。

这样，休布兰很快扭转了局势，继续掌控市场，而且销路增加更
快，仅1982年就出售了733万箱。而沃尔夫施密特呢？只卖出126万箱，
仅为前者的1／6。

◆ 变通之人善于从"吃亏"中明哲保身

从前，有位商人狄利斯和他长大成人的儿子一起出海旅行。他们随
身带上了满满一箱子珠宝，准备在旅途中卖掉，但是没有向任何人透露
这一消息。一天，狄利斯偶然听到了水手们在交头接耳。原来，水手们

已经发现了他们的珠宝，并且正在策划着谋害他们父子俩，以掠夺这些珠宝。

狄利斯听了之后吓得要命，在自己的小屋内踱来踱去，也想不出个摆脱困境的办法。儿子问他出了什么事情，狄利斯于是把听到的全告诉了他。"同他们拼了！"儿子断然道。

"不，"狄利斯回答说，"他们会制服我们的！""那把珠宝交给他们？""也不行，他们还会杀人灭口的。"过了一会儿，狄利斯怒气冲冲地冲上了甲板，"你这个笨蛋儿子！"他叫喊道，"你从来不听我的忠告！""老头子！"儿子叫喊着回答，"你说不出一句值得我听进去的话！"当父子俩开始互相谩骂的时候，水手们好奇地聚集到周围。狄利斯突然冲向他的小屋，拖出了他的珠宝箱。"忘恩负义的儿子！"狄利斯尖叫道，"我宁肯死于贫困，也不会让你继承我的财富！"说完这些话，他打开了珠宝箱，水手们看到这么多的珠宝时都倒吸了口凉气。狄利斯又冲向了栏杆，将宝物全都投入了大海。

过了一会儿，狄利斯父子俩都目不转睛地注视着那只空箱子，然后两人躺倒在一起，为他们所干的事哭泣不止。后来，当他们单独一起待在小屋时，狄利斯说："我们只能这样做，孩子，再也没有其他的办法可以救我们的命了！"

"是的，"儿子答道，"您这个法子是最好的了。"

轮船驶进码头后，狄利斯同他的儿子匆匆忙忙地赶到了城市的地方法官那里。他们指控水手们的海盗行为和"企图谋杀罪"，法官逮捕了那些水手。法官问水手们是否看到狄利斯把他的珠宝投入大海，水手们一致说看到过。于是法官便定了他们的罪。法官问道："什么人会抛弃掉他一生的积蓄呢？只有当他面临生命危险时才会这样去做吧？"水手们哑口无言，只得赔偿狄利斯的珠宝，法官才饶了他们的性命。

不善变通的人，不愿意吃亏，往往招致的是不愉快的后果。

芦苇与橡树争论不休，都认为自己耐力更足，更加冷静，力气更大，谁也不肯认输。

橡树说："你没有力量，无论哪个方向的风都能轻易地把你刮得东倒西歪。"

芦苇没有回答。

过了一会儿，一阵猛烈的风吹了过来，芦苇弯下腰，顺风仰倒，幸免了被连根拔起。而橡树却硬迎着风，尽力抵抗，结果被连根拔起了。

因此，我们在生活中要有不怕吃小亏的精神，吃小亏之后往往能占大便宜。

◆ 别为过去忧愁，别为小事闹心

情绪是人的思想与行为的衍生物。如果事情做得顺利，情绪就好。看天，天是蓝的；看花，花是美的；看人，人是精神的。如果事情还没做完甚至还没开始做，障碍一个接着一个，情绪上就受波动了，看什么什么不顺眼，尽管它们和你高兴时所看到的没什么区别。

如果情绪仅仅是思想与行为的"排泄物"——那么事情做砸了，痛哭一场也就罢了。糟糕的是，情绪往往还会改变你原来的观念，并自然而然地对你以后要做的事产生影响。情绪不是思想和行为的终极"排泄物"，而是思想和行为中的一个过程，是必不可少的一个环节。

其实，坏情绪不仅仅有暴怒、颓丧，还包括忧虑。对所做的事过于患得患失、情感过于低沉、瞻前顾后等，都会在你迈向成功的道路上设置障碍。卡耐基告诫我们：我们生活在世界上的光阴只有短短几十年，但我们却浪费了很多时间，为一些早就应该忘掉的小事发愁，为无法改变的事情忧虑。时间一天天过去，这是多么可怕的损失。我们通常能很勇敢地面对生活中那些大的危机，却会被芝麻小事搞得垂头丧气。

皮鲁克斯常说这样名言："悲观的人即使在晴天，也如同生活在阴天里，这是因为在心理和性格上都烙上了想字。"换个角度理解这句话，乐观是一个人获得美好生活的源泉。在这个世界上，唯有一种心情，能让我们感觉到一切都是美好的，那就是乐观。那么，怎样才能用乐观"瓦解"悲观呢？很简单，因为人的心态是随时随地可以转化的。一个人心里想的是快乐的事，他就会变得快乐；心里想的是伤心的事，心情就会变得灰暗。因而，快乐与否，完全在于自己心里怎样想，在于自己选择何种心态生活。

积极的人是乐观的人。生命太短暂了，我们不能为小事羁绊住前进的脚步。

美国芝加哥的约瑟夫·沙巴士法官说："婚姻生活之所以不美满，根本原因通常都是一些小事情。"而纽约的地方检察官法兰克·荷根也说："我们的刑事案件里，有一半以上是缘于一些很小的事情，在酒吧中逞英雄，为一些小事情而争吵不休，讲话侮辱别人，措辞不当，行为粗鲁——就是这些小事情，结果却引起了伤害甚至谋杀的恶性事件。"

所以说，懂得"生活技术"的人不一定就是懂"生活艺术"的人。我们一定要学会用积极乐观的心态去面对生活的一切。向前看，不为过去忧愁，不为小事闹心！

◆ 小事情也会成为你生命的谋杀者

我们是否想过森林中那些身经百战的大树？经历过生命中无数狂风暴雨的打击，但都安然度过。但是我们的心却极易被那些小蚂蚁——那些用食指就可以捻死的小蚂蚁吞噬。

面对生活，也许你有点儿疲惫不堪，但这种不幸的境况，又何尝不是你每天积虑的结果？

也许，你确有难言的痛苦和忧虑，致使你对日后的人生失去兴趣；但是，你依然可以用另外一把钥匙去打开快乐之门——从而去改变你忧愁不堪的形象。

如果我们把忧虑的时间，特别是用在一些小事上的时间放在更重要的工作、学习、爱人等事情上，或许在忙碌的情况下，你早已忘记为那些小事忧虑了。

一个有智慧的人，他到了40岁以后，生活就过得非常"简单化""模式化"了！所谓"简单化"，并不是说"简单地生活"，而是说对于一切事情，能够处置得法，不随便浪费精力，所使用的精力，皆能获得工作上的效果，不使一分能力浪费到没用的地方。所谓"模式化"，当然更不只是说，古板不知变通地处理一切事情，而是指，聪明的人已经学会了用特定方法处理特殊情况。

美国芝加哥的约瑟夫·沙巴士法官，曾审理过4万件婚姻冲突的案子，并使2000对夫妇重新和好。他说："大部分的夫妇不和，根本起于琐屑的事情。诸如，当丈夫离家上班的时候，太太向他挥手再见，可能就会使许多夫妇免于离婚。"

年龄很大的老人，也应节省精力，让自己把精力更多地运用在自己更熟知的领域中。这并没有什么高深的哲理，仅仅只是因为目的杂乱以后，扰乱"能力"而使我们的"努力"成为"徒劳"，这种结果必然让你无法快乐！不过，有的欲望和兴趣，需要我们有耐心去追求，然后方可满足你快乐的需要！当然对于年青一代人来说，仅仅生活简单化还不够，还应该趁着年轻的时候，好好地学习一些技艺！一个人到了50岁以后，能力就将逐步衰退，学习进步的速度，就必然会减慢了！所以，50岁以后的人，要想学习什么新的技艺，那是十分困难的！

千万不要认为你的生命如星轨般漫长，时间宝贵，千万不要将自己的精力浪费在琐事之上，否则小事也会成为你生命中的谋杀者！

◆ 塞翁失马，焉知非福

一些人做事总是把眼前利益看得很重，而不能辩证地看事物的发展变化，结果反而失去了永远的利益。大家都读过塞翁失马的故事，讲的是古时有一位老翁，不小心丢了一匹马，邻居们都认为这是件坏事，都来安慰他，并替他惋惜。老翁却说你们怎么知道这不是件好事呢？众人听了之后都认为老翁是丢马后急疯了。几天以后，老翁丢的马又自己跑了回来，而且还带回来一群马。邻居们见了都非常羡慕，纷纷前来祝贺这件喜从天降的大好事。老翁却板着脸说你们怎么知道这不是件坏事呢？大家听了又哈哈大笑，都以为老翁是被好事乐疯了，连好事坏事都分不出来。结果没过几天，老翁的儿子骑带回来的马跌下来把腿跌断了。众人都劝老翁不要太难过，老翁却笑着说你们怎么知道这不是件好事呢？人们又糊涂了，不知老翁心里究竟是怎么想的。结果不久发生了战争，当地所有身体好的年轻人都被拉去当了兵，派到最危险的战场上去打仗，九死一生，而老翁的儿子因为腿摔断了没有被征去，在家过着安定的生活。这样看来，有时退一步让自己在海阔天空中放松，无论是心情还是人情，在看似吃亏的过程中，已经得到了补偿。你想得到的东西没有得到，你认为自己是"吃亏"；想要的东西全能得到，你自认为这是一种福气。其实未必所有得到都是福气，有时失去也是一种福报。塞翁失马亏了什么，又得到了什么？损于己则益于彼，其实这是一个良性循环，经过一道反射后，则又回到"益于己"上面来了。比如，你走在一条凹凸不平的路上，路面的洼里有一些积水，而你穿了双新鞋子走在路上，当然要找干净的路面走，躲开那些水洼。如果这时身后开过来一辆汽车，你采取"亏于己则利于彼"的做法，就会立刻跳进水洼里，把路面让给那辆车过。跳到水洼里湿了鞋子，看似吃了亏，可是如果让车从水洼里开过，那岂不是更糟糕，可能你被弄脏的地方就不只是一双鞋子了。

　　给别人留一条路，其实就是在给自己铺一条路。善待别人，关爱别人，实际上就是善待和关爱自己。在一次激烈的战斗中，连长带领全连战士冲锋陷阵，突然发现一架敌机向阵地俯冲下来。一般情况下，发现敌机俯冲时要毫不犹豫就地卧倒，可这位连长突然发现离他四五米远处有一个小战士还站在那儿，于是他并没有立刻卧倒，而是飞跃过去将小战士扑倒，紧紧地护在了身下，就在这一瞬间爆发了一声巨响，飞溅起来的泥土纷纷落在他们的身上。连长拍拍身上的尘土，抬头一看，顿时惊呆了，他看到刚才自己所处的那个位置被炸了两个大坑。小战士是幸运的，但更加幸运的是这位连长，因为他在爱护别人的同时更保护了自己！我们在人生的大道上，一定会遇到许多为难的事，在前进的路上，搬开别人脚下的绊脚石，有时恰恰也是为自己铺就了一条坦途之路。

塞翁失马焉知非福，其实就是一个做人做事的辩证道理。对个人而言，吃亏无非就是谦让、舍弃、牺牲，失去一些物质上的利益，而在吃亏之后，更能得到别人的理解、支持或尊重，并拥有了更加融洽和谐的人际关系，拥有了更加宽松、自由的工作环境，提高了处事应变能力，使自己做人处事身心愉悦。因为自己具有"吃亏"的气度，所以会得到很多的人脉资源，并在适当的时候这些人脉资源会给你支持或帮助，为你的成功奠定一定的基础，这些也许就会为你带来福气！

第二章　把握吃亏，不吃糊涂亏

◆ 能方能圆，会适应、善变通

　　现代社会是一个竞争激烈的社会，各方为了跻身竞争前列，无不使出浑身解数，不断推出新思想、新办法、新技术、新产品……激烈的角逐和竞争，使社会现象变化异常迅速。现代社会变化的速度，是历史上任何一个时代都无法比拟的。生活在这样一个变化多端的社会，需要我们具有更灵活、更敏捷的应变能力，审时度势，纵观全局，在千头万绪之中找出关键所在，权衡利弊，及时做出可行、有效的决断。从某种意义上可以这样说，在现代社会中，这种素质已经成为一种新的生存能力。谁能最及时地正确洞察社会变化，并能做出最迅速的反应，谁就将走在前面。而头脑封闭、反应迟钝、因循守旧、故步自封的人，会一再地错失良机。而不能深察明辨、一味盲目轻率地追随变化潮流的人，也会造成"差之毫厘，谬以千里"的失误。

　　在现今社会，如果单单向前人讨教怎样生活、怎样做人已经远远不够了，更需要自己在社会生活中去探索、去体会、去总结。对于生活和做人的道理，前人确实探索过、研究过，也留下了极其丰富的著述，充满了哲理和心得。但是倘若你以为凭前人的经验之谈，就可以顺顺当当地走完自己的人生之路，那就可能要吃大苦头。在多变的社会里，真正的危险不在于生活经验的缺乏，而在于认识不到变化，不能把握变化的规律。在一个发展节奏更快、组合形式更复杂的社会中，不同的人会产生不同的际遇：对于那些适应力强的人来说，多一扇门就是多一分希望，多一种变化就是多一个机会；而对那些适应力弱的人来说，多门等于没门，多机会等于无机会。性格封闭的人，不能把握社会变化的规律和趋势，无法对这种变化做出相应的快速的反应，在多变的社会中就会处处碰壁，撞得鼻青脸肿而找不到出路。

在变化面前无法入门的人，自己也难以享受新生活带来的乐趣。老年人害怕变化，希望按照自己熟悉的生活方式安度晚年，这没有什么奇怪。害怕变化，这就是心理衰老的一种标志。但是，青年人应当欢迎变化，如果对变化采取漠视甚至固执的态度，那自己的心理就有衰老的危险了。

性格的灵活主要表现在为人处世的能方能圆、适应与变通上。大致可以归结为三个"不苛求"。

1. 不苛求环境

现代社会的发展为社会成员的自由流动提供了日益充分的物质条件，自然而然人们对环境的选择要求日益强烈。

可是，即使是高度现代化的社会，人对环境的选择也总是有一定限度的。在我们这个正在从事现代化建设的国家，由于历史的原因，由于生产力水平的限制，在一段时期内，环境与人的交互作用的主导面，恐怕还是通过人对环境的适应来调节，而不是通过新的选择来调换环境。

善于适应环境表现了人性格的灵活性，它具有多方面好处：第一，能协调自己与环境的关系；第二，能优化自己的心境与情绪；第三，能调动自己内在的积极性；第四，能为进一步发展准备条件。我们提倡积极地、主动地适应环境，而不是消极地、被动地顺应环境。因此，适应环境与改造环境又是一个事物不可分割的两个方面。

2. 不苛求他人

与适应环境同步存在的问题是，人也不应苛求他人。就是要承认别人能同自己一样选择、保护、发展他们的个性、习惯、兴趣和观念等。这是不苛求他人的第一个要求，也是灵活性格的重要表现。

现代心理学认为男性的女性性格化、女性的男性性格化，具有适应环境、适应他人的更大灵活性，因而在现代社会中也就能获得更大的生活自由度。

在人际交往中，和谐融洽是人人都希望的，只是矛盾、隔阂不可能不光顾我们的生活。于是，对不苛求他人的灵活性格，又提出了宽容待人的要求。尊重别人的个性、习惯等，是一种宽容；但是，当别人对自己表现出进攻的姿态时，能做到合理的谅解、忍让，则是更大的宽容。当然，宽容并不是不讲原则，更不是寄人篱下，而是以退为进相互谅解。能宽容别人，在人际交往中保持性格的灵活性，是有益的交往态度。

3. 不苛求自己

这当然不是说对自己可以低标准、低要求。恰恰相反，不苛求自己，正是为了更好地要求自己，只是这种要求是建立在实际基础上的，因而也是可能收到实效的。

不苛求自己主要有两方面的含义。

一是情感上的超脱。挫折、坎坷是生活的题中之义。成功的希望越大，失败后的痛苦就越深；智能越高，对苦闷的体验越敏感。要求一个神志清醒尤其是有进取心的人对挫折和失败无动于衷，是不现实的，正确的做法是迅速摆脱困境，超脱痛苦的情感，使现实的自我上升到理智的"超我",从而实现自己的志向。

二是志向上的弹性处理。每个有进取心的人都有自己的志向目标。但是,制定了目标未必一定能实现。灵活地对待自己,就是要对难以实现的目标进行正确的归因,而不是一味地责怪自己无能、没出息。这就好比登山,这条路走不通,可以走别的路;一时登不上山峰,可以先登上半山腰。这种现实的灵活态度,才可能最终把你引上"风光无限好"的山顶。

◆ 弹性交际,留有余地

我们都知道,松软、富有弹性的东西可以避免或减轻物体之间的碰撞或挤压。人际交往也是同样的道理。交际中如果能方能圆,带上了一定的"弹性",同样可以缓和彼此的矛盾,消除相互之间的误会,还给自己留下了慎重考虑、再做选择的余地,从而更好地达到交际的目的。"弹性",为日后进一步交往留下了回旋余地。

1. 和初次接触的人交往

因为是初交,彼此不怎么了解,如果过急地亲密,则很容易让人产生交际动机不纯或交际态度轻薄的看法。

生活中有许多人和别人打交道时总是"见面熟",其真诚程度往往大打折扣。相反,如果在初次交往时过于冷淡,又易使人产生目中无人或深不可测、老谋深算的感觉,使人望而生畏。一般来讲,许多人不愿与过于"老成"的人交往,因为和这类人交往总得带着戒备的心理,以防被对方玩弄而不知。所以,在初次与别人交往时,应通过逐步的接触,通过了解的程度和可不可交的情况来确定交往的深度和关系的疏密。而那种急于求成、匆匆结友的做法,恐怕有点失之慎重。

在日常交际实践中，由于缺乏必要的了解就盲目走到一起的人常常受骗上当，酿成终身之恨。尤其是青年男女，在相互不了解彼此的性格、爱好、志向的情况下匆匆成婚而酿成悲剧者，不乏其例。当然，因过于谨慎、过于冷漠而失去交友的良机，也是让人遗憾的事情。在初次交往时最聪明的做法是让你的交往带有"弹性"，有伸缩自由的余地，这样既能把握良机，又能慎重、自如地进行交往。

2. 和有隔阂的人交往

人与人之间总是难免存在着隔阂，一旦隔阂存在，在交往时必然产生一定的戒备心理。尤其是与那些本来相识甚至是好朋友的人，在发生误解而失去来往之后又重新打交道的时候，只要有一方在处理关系时有所不慎，都可能引起另一方的高度敏感，甚至使双方的关系进一步恶化。

所以，和与自己有隔阂的人交往时，一般应主动接近，又保持适当的距离；"察言观色"，掌握对方心理，又不过于敏感、捕风捉影，胡乱猜疑。一切都应处理得从容不迫，富有"弹性"，留有余地。随着交往的增多，彼此重新认识并意识到过去的误解或认识上的差异，那么，双方的隔阂或矛盾就会自然消除。

3. 在一些特定场合下的交往

有些场合的交往也特别需要讲究点"弹性"，比如，在公关活动中，在商业、外交谈判中。这些特殊的交往如果不讲究"弹性"策略，就会显得操之过急或失之偏颇，就很难达成合作。一般来讲，在公关活动中，公关的目的是尽最大努力树立自己美好的形象、扩大知名度、赢得别人的信赖，从而更好地进行交往合作。在这种场合下，交往既要实事求是，又应维护自己的形象或所代表机构的声誉，如果一味趾高气扬、自大吹嘘，不仅败坏了自己的形象，协商也会化为泡影。反之，一味低三下四、"谦卑"十足，也同样让人倒胃口，让人觉得你的公关形象猥琐丑陋，甚至产生不屑与你交往的想法。所以公关活动有方法、技巧的讲究，"弹性"公关就是其中之一。

在商业、外交谈判中也存在同样的问题，双方既是竞争对手，又是合作伙伴。在这种情况下的交往，就是要在双方既矛盾又统一的状态中，寻找双方都乐于接受的东西，这就需要"弹性"策略，应把关系处理得松紧适度，易于回旋，既能保证不增加矛盾冲突，又便于进一步增进联络、加强合作。

4. 在特定情境下的交往

人们进行交往总离不开语言。在有些特定情境下，人们不可把话说得太肯定、太绝对，而应该灵活多变、可上可下、可宽可窄、可进可退，这也需要在言语交际中带上一定的"弹性"。这样，才有利于自己掌握交往的主动权。

在交往中时常会遇到这种情况，比如，别人要你对某事谈谈看法，而你一时又没有完全的把握。你不妨利用判断的不确定性，用"也许、或许、可能、大概"等词语来表述你的看法，为自己留下回旋的余地。尤其是在复杂多变的情况下，如此表态有滴水不漏的功效。另外，也可以利用一些词语的宽泛性和模糊性使话语带上弹性，比如，男女相爱，别人问男方对女方有何印象时，男方如果不愿以实相告（这种情况多出于保密或性格内向等情况），不妨这样说："我对她的印象是深刻的。"

"弹性"策略在交际中的运用是十分有效的，只要你掌握了"弹性"交往的规则和技巧，你就会在与别人的交往中更加游刃有余，轻松愉快。

◆ 亏小利，赢大益

人非圣贤，谁都不可能抛开七情六欲。但是，要想成就自己的事业或在某一方面取得成功，就应该把自己的时间精力进行科学合理的分配，要有所侧重。特别是自己的喜好该放弃的就要放弃，该舍的就得忍痛割爱，该忍的就得从长计议。人一生的生命时间是有限的，所作所为要有目标，要有所侧重，不要贪多，要做到精，这样才会使自己在某一方面有所建树。因此说，目标很重要，可以说大的目标就是大的利益，为了这个大利益，就不能贪小利，贪得多了会分散自己的时间和精力，贪多嚼不烂，不分轻重缓急，就是浪费时间、枉费青春，最终将会一事无成。

读小学时，看过猴子掰玉米的故事。猴子一会儿掰玉米，一会儿抱西瓜，一会儿追野兔，最终什么也没有得到。在我国历史上，刘邦与项羽在称雄争霸、建立功业上就表现出了不同的态度，最终也得出不同的结果。当然，他们两个人在历史上的争论很大，评价各异，胜败确是兵家常事，且由多个因素所决定。但是，苏东坡在评判楚汉之争时就说项羽之所以会失败是因为他不能忍，不愿吃小亏，白白浪费"力拔山兮气盖世"的勇猛；刘邦之所以取得胜利就在于他能忍，懂得吃亏，养精蓄锐，扬长避短，最终夺取胜利。在楚汉争霸中，刚开始刘邦的实力远不如项羽，当项羽知道刘邦已先入关时，怒火冲天，决心要将刘邦的兵力消灭掉。刘邦危在旦夕，他拿着礼物到鸿门去拜见项羽，低声下气地赔礼道歉，化解了项羽的怨气，缓和了他们之间的关系。

表面上看，刘邦忍气吞声，给足了项羽面子，实际上刘邦以小忍换来自己的安全，赢得了发展和壮大力量的时间。刘邦能够在不利条件下忍受暂时失利，显示了他对敌斗争的谋略，也体现了他巨大的心理承受能力。他把眼光放远，靠吃眼前亏的技巧，赢得了最后胜利。今天，虽然我们不一定会遇到这种你死我活的敌对关系，但无论在怎样的条件下，都应该把眼光放远，能够忍让，舍小谋大，最后才能取得成功。

　　道家的朴素辩证法，盛极必衰、月盈必亏在今天也适用于我们的生存之道。成功的法则很多，但是肯于付出，同样不为小利、慷慨大度的思想永远会充满着活力，自私自利的思想则会让自己无路可走。只要我们能够遵循这一法则，并顺着这条路线充分调整自己的思想和行为，一定使自己大受裨益。能"吃亏"的人，就会树立自己的人际品牌形象，能赢得人们的尊重和拥戴，聚集人气，为自己成就事业奠定基础。蒙牛集团老总牛根生的"财散人聚"讲的就是这个道理。当时牛根生把自己的年薪发给自己的部下，把公司配给他的车卖掉，给自己的部下每人配上车，这都是典型的"吃亏"行为。这些行为让牛根生树立了很好的个人品牌形象，让牛根生声名远扬，自己树立的个人品牌信息得到传播。当他自己创立蒙牛时，有许多部下辞掉原来待遇优厚的工作，投身到当时一穷二白的蒙牛旗下进行艰苦创业。这就是"吃亏"的人格成为自己强大的"促销"力的例子。俞敏洪在创立新东方事业需要大发展的时候，他飞到美国力邀自己在美国的北大同学回国创业，这些当时比俞敏洪混得还好的同学能回来的鲜为人知的理由，竟是俞敏洪大学四年默默无闻、任劳任怨为他们宿舍打了四年开水。这个"吃亏"的行为传递给他们的信息是，俞敏洪能吃肉绝不会让弟兄们喝汤，事实证明也是如此，从而才使新东方取得了发展。面对得失，越是计较，内心就越浮躁，越是浮躁则往往不能正确处理事情。所谓宁静才能致远，我们的革命老前辈把为人民服务看作莫大光荣，正因为有我们的革命前辈为了党和国家的利益，为了广大劳苦大众的前途命运而牺牲个人的利益甚至生命，才使中国共产党能率领全国人民取得新民主主义革命的伟大胜利，建立起新中国。我们生活在现代社会虽然工作忙碌，但与那些先辈相比，至少不用随时担心要付出生命的代价。我们吃的亏也仅仅是比别人付出多一点儿，多奉献一点儿，只要我们每一个人都能做到肯吃亏、敢吃亏、多吃亏，我们就都能取得好成绩。

◆ 在亏与赢的循环中发展自己

水是生命之源，也是为人之鉴。仁者乐山，智者爱水。智者爱水，在于水的品格。人生若水，人应当洁身自好，其品行应像一泓清水一样清澈透明，其生存意志当像山涧溪流淙淙而下，欢快奔流，直至江河大海，永不停息。当一个人处世若水之谦卑、存心若水之亲善、言谈若水之真诚、为政若水之条理、办事若水之圆通、行动若水之自然、交往若水之清淡、人品若水之纯洁时，就进入了"水"之境界，至真、至善、至美的境界。天下之物莫柔于水，水无形却无不形，随圆而圆，随方而方，甘心停留于最低处，安于卑下，不与万物相争，但任何攻坚克强的东西都不能胜过它，水滴石穿。从远处眺望大江大河，表面上平波如镜，但是你只要一接近就会感到江水的宏大气势，处处暗藏旋涡，潜伏着巨大的力量。人的一生中，并不需要处处占上风，出风头，也不需要处处与人相争，只要像水那样，具有柔软、谦虚和蕴藏力量的素质，以柔克刚，就能在不知不觉中战胜对手。水总是向着低处流，海纳百川。我们从水中受启迪，向水看齐，那么，一定会虚其心、去其强，甘为人下，为而不争，进入一个更高的自由境界。水，避高趋下，营形造势，无所不及，无孔不入。中国式谈判并非如同西方谈判的绝对方式，谈得成就决议，谈不成就破裂走人，而是经过模糊的过程以达到明确的结果。先是必须避开对方的坚持，再将他的坚持化成对我们意见的助力，化成与我们看法的融合，最后共同达到目的。中国人的沟通，似"水"融入各种物体般柔和，在包容后，却无一不化为水。这种沟通哲理的智慧，若水之圆通。万千尘世，很难免除私心杂念的干扰和官权利禄的诱惑，激烈的竞争、金钱的崇拜、生活的变幻、信息的更新、欲望的膨胀让现代人无所适从。一些人争先恐后，千方百计，都去争取，结果是贪多嚼不烂，事业无成，人生愁苦无边。若心无旁骛，心静如水，专注一事，一心一意，少了许多社会环境的干扰，更多了一份内心的宁静和自由。世界上没有哪个人是完美的，每个人都会有这样那样的缺陷，成功者之所以能够成功，是因为他们坚持不懈，而失败者之所以失败，是因为他们不能脚踏实地，实事求是，好高骛远，总是去追求那些自己力所不及的事情。其实我们应该经常扪心自问，自己的能力如何？目标是否切合实际？哪些理想通过努力能够达到，哪些是永远都达不到而应该放弃的？只有我们用这样的思维方式来指导我们的思想，执行行动方案，那么才会变成一个非常积极、非常有行动力的人。

每一种事物都有得与失，并且，多数情况下，得失都是在不停地变化、不停地循环着。世间万物来去无常，因此，当我们得到的时候要懂得珍惜，失去的时候也要释然。月有缺失，依然皎洁，人生即使有憾，也依然美丽。真正懂得生活的人失去的多，得到的更多，如此一想，你就会释然顿悟。上帝会在关了一扇门的同时又打开一扇窗，得与失就是一对矛盾统一体，得中有失，失中又有得。

历史记载，楚王出游丢失了他的弓，别人要帮他找，他说："不要找了，我掉的弓我的子民会捡到，反正都是楚国人得到。"孔子听到这件事后感慨地说，楚王的心还是不够大，为何不说是人掉了弓自然会有人捡到，又何必计较是不是楚国人呢！"人遗弓，人得之"应该是对得失最豁达的看法了。人们在得到一些利益的时候，大都喜不自禁，得意之色溢于言表，而在失去一些利益的时候，自然会沮丧懊恼。真正的智者在生活中能"不以物喜，不以己悲"，面对得失心平气和、冷静以待。晋代的陶渊明在官场多年，认为官场污浊毅然辞官还乡，虽然抛开功名利禄，却得到"采菊东篱下，悠然见南山"的得意与轻松。他这种不被世俗束缚、舍弃物质利益、放飞心灵的举动千百年来令我们多少人"高山仰止，心向往之"。可有的人却一直徘徊在得与失之间，一生都处于苦恼之中。生活中很多人患得患失，他们对取舍犹豫不决，终日烦恼，长此以往会有损身心健康，反而失去更多。面对得失我们一定要有清醒的头脑，不要把获取看得太重，在得到的后面，可能就潜藏着失去，只有那些短视的人，才会只顾眼前利益，看不见利益背后的隐患，而失的后面也有可能潜藏着得到，只不过有的人因为目光短浅对此不做深入分析，只看到表面，便避之不及，从而与"失中之得"擦肩而过。当我们在得与失之间徘徊的时候，只有懂得取舍，才能在得失之间做出明智的选择，那么，我们的人生就不会被世俗淹没而充满光彩。

　　生活中总有一些人，他们做事时只考虑不让别人得便宜，却忽视了做事对自己是否有利。因此，我们做事情不要怕善待了别人，如果能够善待别人又得益于自己，何乐而不为呢！有时候，急于求成，着急求利，反而会适得其反。"得道多助，失道寡助"，人生大智者就是做个讲道德的人，做个善良的人，做个和气的人。特别是在生意场上，人们常讲"和气生财""和为贵"。商业巨子李嘉诚先生就是一个开明之人，他处处以和为贵，寻找共同点，奉行互惠精神。当然，大家在一起做事，相互竞争兼并不可避免，即使这样，也应遵守规则，不能抛掉和气。他小利全让，大利不放，取舍之间，张弛有度。在决策会议上总是以商量建议的口气发言，实际上，他的建议就是决策，众人都会自然而然地信服他、支持他。每年放弃数千万元，却赢得了公司众股东的一致好感。对李嘉诚这样的超级富豪来说，袍金当然算不得大数，更得利的是他所持股份所得的股息及增值。不管怎么说，在香港这个拜金若神、物欲横流的商业社会里，他能不为眼前的利益所动，处处考虑股东和公司的利益，实在是难能可贵。事实上，如果想把所有事情都做好、做精，需要有良好的心理素质，不被自己的情绪左右，不轻易做出决策。就好比武林高手不会轻易出拳，久经考验的军中将帅一般不会因为一怒而出兵征讨。精明的商人也是如此，绝不会凭一时冲动而脱离实际拿财使气，只有这样才能把生意做到高超的境界。

用争夺的办法获得财富，你将永远得不到满足；如果用让步的办法，也许得到的比期盼的更多。只有不怕吃亏的人，才会在一种平和自由的心境中感受到人生的幸福。就像一首歌词中写道："当干部就应该能吃亏，能吃亏自然就少是非。当干部就应该肯吃亏，肯吃亏自然就有权威。自己多吃亏，多吃亏才能有人随。"其中道理值得我们体味。任何一个有作为的人，都是在不断的吃亏中成熟和发展起来，从而变得更加聪慧和睿智的。在艰苦的环境中，坚强的人能够正视困难，掌握要点，积极谋求解决之道，勇于进取，能够披肝沥胆登上高峰，最终取得胜利和成功。

◆ 吃一亏，长一智

吃亏的原因是多方面的，吃亏的方式也是多样的。有的吃亏是内在原因，自己愿意吃亏，因为自己吃亏就意味着奉献，这样的奉献会得到更多的回报，而且向更加美好的方向发展。而有的吃亏是外在原因，无论你情愿不情愿，或者说这样吃的亏值得不值得，但是事情发展到一定程度时就由不得你，最后迫使你不得不吃亏。这样的吃亏会让你苦恼，而且使你对自己的想法有了思考，这些想法将是你吃亏的教训，更是你增长的智慧，可以让你在以后的发展中不会出现同样的错误，可以说是"吃一亏，长一智"。

聪明者能够吃亏，虽然吃亏有暂时的舍弃与牺牲，却会取得长久的收益。因此，他们根本不会把时间和精力放在眼前的方寸之间，而是高瞻远瞩，统揽全局。我们所能付出的最有价值的东西就是我们的思想，每吃亏一次就会成熟一次，将自己锤炼得更加坚强和明智，毫无疑问，吃亏后依然保持积极乐观的心态必然会使你受益匪浅。在人生的旅途中，面对吃亏和付出时，是选择一蹶不振还是吸取教训厚积薄发，对于如何走好下一步路非常重要。当自己的主体力量明显占优势时，应该一鼓作气，立刻行动；而当自己各方面处于劣势或被动的境地时，就应该以守为攻、以退为进。这是一种权宜之计，也是生存发展的法则。待时机成熟，条件具备，便可由不为转为有为，由守转为攻。有时候，我们会处于事业的低谷，那为什么不退后一步呢？也许只要退后一步你就会在人生的沙漠中看见属于你的绿洲，也许退后一步，你就能在生命的汪洋大海中发现属于自己的小岛。

自然和社会总是在维持一种相互之间的平衡关系，以此来实现不断发展。当你觉得把路走绝了的时候，就应该后退一步，你可能会发现一步之后便是海阔天空；心灰意冷的时候，也应该后退一步，说不定会发现原来的一切正在悄悄向你所期望的方向发展。物极必反就是这个道理。因此，我们要以发展的眼光看待一切问题，那样我们就会珍视已经拥有的一切。缺乏珍惜之心往往使我们意识不到幸福，感觉不到快乐。其实正如一位哲学家所说，幸福就像一个被孩子追逐的球一样，当你追上它时，却又把它踢得更远。

任何时候，无论成功还是失败，我们在为人处世上要潇洒豁达，拿得起放得下，坦然面对眼前的一切境遇，不要因为吃亏而怨天尤人或悲观厌世。如果能够这样，你自然就会心境开朗。"塞翁失马，焉知非福"，当下的吃亏，未必就是坏事。更多的时候，损失蝇头小利会换得巨额利益。因此，不要为了眼前的一己私利而落入"鼠目寸光"的俗套，在斤斤计较中错过了另外的机会。这是一种境界，更是一种智慧。有些吃亏，表面看似亏了，实则是为下一步的赢积蓄力量，为下一步发展奠定基础。如果我们想要站在更高的层面上，就要敢于吃这样的亏，这其实就是一种智慧。

◆ 当吃亏时便吃亏

有时候，吃亏就是一种投资，一种感情和为人处世的投资。凡事礼让为先，你宽容别人，为他人着想，能不计较的绝不计较，能成全的就要成全，能帮助的尽量帮助，这就是最好的人情投资。这样就有可能为自己赢得一张巨大的人脉关系网。东边日出西边雨，这里亏了就会在那里赢得利益和财富。

一分付出一分收获，一个人追求收获并没有过错，但是，如果过分注重眼前的利益，就有可能适得其反。事实上，如果你能够平心静气地对待吃亏，表现自己的度量，往往就能够获得他人的青睐，获得自己发展所需要的人脉资源，从而获得商业上的成功。世界上没有白吃的亏，有付出必然有回报，生活中有太多这种事情，如果斤斤计较，往往得不到他人的支持。只有放开度量，从长远的角度思考问题，才会发现，吃亏实际上就是一种商业投入，当吃亏时便吃亏！

我们生活在充满竞争的社会里，对于每一个渴望成功的人来说，不去计较得失确实是件不容易的事情。但是要坚信吃亏是一种投资，是为了长远发展的一种策略和计谋，只有吃得眼前亏，才能得到以后的胜利。汉代文学家刘向说："得其所利，必虑其所害；乐其所成，必顾其所败。"我们无论做什么事情，做过了头都会向相反的方向转化，正所谓"物极必反"。因此，有"心计"的聪明人懂得见好就收，既达到了自己的目的，又不至于把事情做得太过。有这样一则故事，一位富翁把他的狗弄丢了，他发了一则启事，表示如果有人为他找到了狗将付酬金一万元。于是送狗的人络绎不绝，但富翁发现那些都不是他家的那只狗。富翁感觉是捡到狗的人嫌给的酬金太少，于是又将酬金改为两万元。此时富翁的那只狗正被一位乞丐牵着，他看到了寻狗广告后本打算第二天就抱着狗去领赏金，但是当他看到那则启事中的赏金已经升到了三万元，他想等到酬金再涨一些去还狗，等到了第四天，他发现悬赏的金额果然涨成了四万元。于是在接下来的几天时间里，乞丐贪心地盯着酬金的涨幅，当酬金终于涨到了让所有人都感到惊讶的地步时，乞丐终于满足了，可是当他准备还狗时，狗却被饿死了。可见，做人做事不要太贪心，常言道："凡事留一线，日后好见面。"凡事能留有余地，方可避免走向极端。特别是在权衡进退得失的时候，更要注意适可而止，见好就收。

在《易经》中有这么一句话，叫"动则得咎"，只要你选择做，就一定会有所得失。但是如果你知道每一次失去的背后都有一个更大的目标，有更多的考验，而且生命中也还有更多的事情需要你去做时，你就不会再为眼前的利益所迷惑。然而，太多人不懂这个道理，他们常常会被眼前的利益吸引，而忽视了其他利益。同时《周易》中也讲，世事总是瞬息万变，复，其见天地之心乎，旧盈则损，月盈则食，于是古人从这些周而复始的自然变化中，得到了这样的启示：无来不破，无往不复，人生的变故，往往是事盛则衰，物极必反。因此，做人做事就要把握好分寸。所谓过犹不及，虽然"不及"不是最好，但做事太过就会将事情引向相反的另一面。所谓"美酒饮到微醉处，好花看到半开时"，得意之时不要忘了回头，着手处也应当留有余步。可是，很多人都十分爱好名利，为名利所驱使，往往身不由己，只知进，而不知退。人常说"人无千日好，花无百日红"。任何人都不可能一生春风得意，人们一生中最风光、最美妙的时光往往都是短暂的。因此，当吃亏时便吃亏，该放手时就放手，见好就收的人才是最大的赢家。万事没有绝对的对与错，见好就收也是如此。但作为个体，如果真能透彻理解并做到这一点，那么在他的人生中就不会出现太多的失败。如果你想获得比别人多的成功与胜利，当吃亏时便吃亏，见好就收无疑是我们最明智的选择。

◆ 不为吃亏寻烦恼

世上本无事，庸人自扰之。英国哲学家邱斯顿曾经说："天使之所以能够飞翔，是因为他们有着轻盈的人生态度。"很多人的忧虑来自名利和私心，目光短浅，心胸狭隘，由于过分害怕失败，于是就忧心忡忡，心头像一直压着一块沉重的石头，使人感到窒息。这些人由于忧虑失败，所以往往把现实中的困难过高地估计，无论什么事做起来都感到十分吃力，觉得没有成功的把握，以至于前怕狼后怕虎。一旦感到孤独无助时，就心灰意冷，甚至自暴自弃。失败不是一件可怕的事情，虽然没有人喜欢失败，但实际上世上没有永远的成功者，唯有从失败中爬起来，才有战胜失败、获得成功的可能。真正的智者从来就不惧怕失败，而是善于在失败中找寻智慧，从失败的忧患中激发出生存的力量，他们不会让失败的忧虑动摇自己坚强的信心。忧虑是人类的天敌，它剥夺人的快乐，使人陷入自卑的境地。忧虑还使人缺乏生命的活力，破坏人的志向，瓦解人的勇气，使人缺乏创造力而变得慵懒，丧失斗志。当我们向前踏进未知领域时，我们就必须有勇气面对失败，失败在悲观者看来是灾难，在乐观者看来却是一笔宝贵的经验和财富。因此，从某种意义上可以说，失败不仅能成为走向成功的强大动力，更能增强人的信心，而且还能教会人重新估计自己的能力，明确自己所奋斗的目标，改进自己前进的方式方法。在生活中，我们一旦经历了失败，应当迅速从愤怒和沮丧中清醒过来，把失败视为一次学习经验的机会，通过失败来重新估计自己。忧虑的人大多不敢涉足未知领域，他们害怕冒险。当然对安全感的追求是人类的共性，但在现实生活中没有什么称得上是绝对安全的。当我们自认为生活很安稳时，其实只不过是一种虚无缥缈的幻觉。人常说，人无远虑必有近忧，这些只在于我们能够正确地去看待这些问题。一个人只有经历了失败的痛苦，才能真正体会到成功的欢乐；只有经历了失败的考验，才能成就成熟的人生。失败并不可怕，可怕的是一蹶不振，只要保持一颗乐观顽强的上进心，就一定能取得成功。

◆ 无畏吃亏，修炼度量

我们很多人总是哀叹上帝的不公和自己生活的不如意，抱怨家庭条件差、经济基础薄，总觉得自己劳动付出的多，报酬所得的少，甚至抱怨配偶不够漂亮或帅气、儿女不够聪明等，好像自己时时处处都在吃亏。更有甚者想少付出、多获利，甚至是不劳而获，自己可以天天享清福。其实，轻而易举地得到不一定是好事情。我记得我到教育机关上班的第一天，一位老同志问我在没在农村工作过，我说工作过，又问我工作了多长时间，我说是一年，他说这样调动回来不好，应该多在基层锻炼几年。当时，我怎么也想不通，调回机关工作时所有的人都对我表示祝贺，可就这么一位老同志说是不好。后来我在工作中才明白，在机关工作，一是离不开与基层学校打交道，必须有洞察下面真实情况的能力和工作经验；二是只有在基层磨炼出来的人，才能在机关里完美地处理好各种关系。因为我缺乏这些经验和能力，所以在工作中显得特别吃力和憋屈，以至于自己在那种生疏的环境中磨炼了好长时间才适应过来，这时我才真正明白那位老同志所说的道理。一个人在年轻的时候多吃点儿亏，受点儿委屈、受点儿磨难不是什么坏事情，只有在吃亏中经受世间百态，使自己的人生得到历练，从得与失、成与败中解脱出来，才能成为一个意志坚定的强者。修炼成为强者不也是说明比别人更有福气吗？

无畏吃亏不是倡导无原则地有意地去吃亏。我认为，人生就是一场游戏，一场有规则的游戏。有时你会赢，有时则会输，只有训练自己掌握游戏的规则，你才会尽可能多地在游戏中获胜。如在足球场上，最基本的游戏规则就是踢球，如果你敢破坏规则去踢人的话，那么你就会被罚出局，而且，也很有可能被别人踢。由此看来，如果破坏了规则、破坏了规矩，那么，无论对哪一方面都是非常危险的事情。毫无疑问，吃亏不是愚莽，不是无端地犯错误去接受惩罚，而是在遵守人际交往规则中的一种智慧和度量。

退一步海阔天空，它是一种妥协和策略，但不是屈服和投降，是一种灵活变通的智慧，是人生必需的宽容和大度。我一个同事很有才华，当时上级把他提拔为一个很不错的基层单位的一把手，属正科级领导，而且很有发展前途。他的父母也都是退休的公务员，妻子在城市的工作单位很好，待遇也很高，一个女儿聪明伶俐，按理说一家三口其乐融融，是非常幸福的一家。可是，因为一次与上级主管领导的意见不同，同时与妻子发生了一些争吵，因这些事情想不开，在家里自杀身亡，我们都为此惋惜。这件事不能不引起我们的思考，说生命宝贵是因为一生只有一次，我们为了宝贵的生命也应当大度包容，不能因为一时吃了亏受了委屈就了断自己的生命。生存靠的是理性而不是意气，弯曲不是倒下和毁灭，它是人生的一门艺术。进退顺其自然，并不是一切听天由命。如果退是为了以后的进，暂时放弃目标是为了最终实现目标，那么这退本身就是进了，这种退是一种进取的策略，可是，人们怎么就想不开这些呢！我们只有抱着积极健康的心态才能迎接这突如其来的挫折和挑战，不会因为吃了亏就被击垮。只有如此，才会从挫折中获取有益的经验和教训，最终走上成功的大道。

退一步海阔天空。暂时退却，等待时机，养精蓄锐，重新筹划，便会更快、更有力地前进，所谓"磨刀不误砍柴工"。有些时候做事，如果不能统观全局，不切合实际，反而会适得其反，欲速则不达；不去刻意追求反而更容易得到，欲擒故纵更容易成功，追求得太急迫、太执着反而徒增辛苦，贻笑大方。以退为进，以柔克刚，这种曲线迂回的做事方式有时比直接的方式更有效；以退为进，由低到高，是自我发展的一种艺术和生存竞争的一种策略。"要想套住麻雀先要自己舍一把米"，这不也是人的取舍智慧吗？跳高或拳击的时候，总是后退一点儿，再加大冲力，成功的希望会更大更有力，这就是人生的进退之道。两个人做了一个项目的实验，结果是失败，他们从中发现了以前从未遇见的问题。面对失败，一人陷入了深深的自责当中，甚至怀疑自己的能力是否可以完成这项研究项目；而另一人却为此感到欣慰，觉得幸好及时发现了问题，并一直积极寻找解决问题的办法，这样就可以在这个项目投入实际运作时避免出现错误。同一结果却有不同的表现，这就说明，看待失败与问题更取决于人的主观感觉。

我们生活在社会上，勇敢拼搏、坚持不懈的价值是值得肯定的，但是，我们的人生道路并不是一条笔直的阳关大道，而是到处杂草丛生，充满荆棘，路途坎坷，甚至是悬崖峭壁。面对复杂多变的形势，不仅需要慷慨陈词，也需要沉默不语；既需要奋力拼搏，也需要退步自守；既要争取，也要让步，就看你如何培养和扩展自己的度量和遇事妥善处理的智慧了。

第三章 有舍有得

◆ 以退为进

从处理事物的步骤来看，退是进攻的第一步。现实中常会见到这样的事，双方争斗，各不相让，最后小事变为大事，大事转为祸事，这样往往导致问题不能解决，反而落得个两败俱伤的结果。其实，如果采取较为温和的处理方法，先退一步，使自己处于比较有理有利的地位，待时机成熟，就能够以退为进，成功达到自己的目的了。

何为退呢？即当形势对我军不利时，如果全力攻击也可能不奏效，就应采取退却的方法。军事家指出学会退却的统帅是最优秀的统帅，战而不利，不如早退，退是为了以后的胜利。

李渊任太原留守时，突厥兵时常来犯，突厥兵能征善战，李渊与之交战，败多胜少，于是视突厥为不共戴天之敌。一次，突厥兵又来犯，部属都以为李渊这次会与突厥决一死战，可李渊却另有打算，他早就欲起兵反隋，可太原虽是军事重镇，却不足为号令天下之地。如果离太原西进，则不免将一座孤城留给突厥。经过这番思考，李渊竟派刘文静为使臣，向突厥称臣，书中写道："欲大举义兵，远迎圣上，复与贵国和亲，如文帝时故例。大汗肯发兵相应，助我南行，幸免侵暴百姓，若但俗和亲，坐受金帛，亦唯大汗是命。"

唯利是图的始毕可汗不仅接受了李渊的妥协，还为李渊送去了不少马匹及士兵，增强了李渊的战斗力。而李渊只留下了第三子李元吉固守太原，由于没有受到突厥的侵袭，李渊得以不断从太原得到给养，终于战胜了隋炀帝杨广，建立了大唐王朝。而唐朝兴盛之后，突厥不得不向唐朝乞和称臣。

唐高祖李渊以退为进，为自己的雄心大志赢得了时间。如果不能忍一时，李渊外不能敌突厥之犯，内不能脱失守行宫之责，其境险矣，忍一时而成大谋。

从人生的态度来看，退有时也是一种进攻的策略。现代社会中，用这种"以退为进"的策略表现自我也不失为一种良好的方法。

有一位计算机博士，毕业后找工作，结果好多家公司都不愿录用他，于是他不用学位证去求职，很快就被一家公司录用为程序输入员。不久，老板发现他能看出程序中的错误，非一般的程序输入员可比。这时，他亮出了学士证。过了一段时间，老板发现他远比一般的大学生要高明，这时，他亮出了硕士证。又过了一段时间，老板觉得他还是与别人不一样，就对他进行"质问"，此时他才拿出了博士证。于是老板毫不犹豫地重用了他。

可见，以退为进，由低到高，这是一种稳妥的进攻之术。

石桥正二郎是日本著名的大企业家，在他所写的《随想集》中，记述了这样一件事。"二战"后，在本位于京桥的石桥总公司的废墟中，有十多家违章建筑。因此律师顾问提出，若不及早下令禁止的话，后果将不堪设想。但在当时的情形下，如果硬性要求那些违章户立即搬走，必招致他们的坚决反对和拒绝。石桥公司没有出此下策，石桥夫人还来到现场和那些违章户谈话，对他们说："你们的遭遇实在值得同情，那么，你们就暂时住在这里，先多赚点儿钱，等公司要改建大厦时，再搬到别的地方去吧。"她这样专程地去拜访那些违章户，并且赠送慰劳品，如此体贴别人的难处，使那些居住在石桥总公司内的人，心里十分感动。因此，当石桥大厦真的开工时，这些人不仅不抱怨，而且还心怀感激地迁到别的地方去住了。

"以退为进"有时候更能获得极佳的效果。1812年6月，拿破仑亲自率领由60万步兵、骑兵和炮兵组成的合成部队，向俄国发动进攻。俄国用于前线作战的部队仅21万，处于明显劣势。俄军元帅库图佐夫根据敌强己弱的局势，采取后发制人的策略，实行战略退却，避免过早地与敌军决战。在俄军东撤的过程中，库图佐夫指挥部队采取坚壁清野、袭击骚扰等种种方法，打击迟滞法军，削弱法军的进攻气势。9月5日，俄军利用博罗季诺地区的有利地形，给予敌军大量杀伤。接着，又将莫斯科的军民撤出，让了一座空城给法军。10月中旬，法军在莫斯科受到严寒和饥饿的巨大威胁，不得不撤退。此时，库图佐夫及时抓住战机，予以反击，将法军打得大败。几十万法军，幸存者只有3万人。

有时候，表面的退让只是一种应世的策略，为了追求更高的目标做出一些退让则是作为善于变通之人的成熟表现。

◆ 厚积才能薄发

厚积，指大量地、充分地积蓄；薄发则指少量地、慢慢地放出。多多积蓄，慢慢放出，形容只有准备充分才能办好事情。再拆字理解，"薄"的意思同日薄西山的意思是相同的，在动态上又有接近、逼近之意。古人原语是"君子厚积而薄发"，意思就是有才能的圣人是经过长时间有准备的积累才成就事业的。

中国近代史上著名的晋商和徽商，其成功的共性就是有钱不张扬，厚积而薄发。美国前总统富兰克林在早年的时候十分自负，但遭到一次朋友的当场羞辱后，他懂得了低调做人、厚积而薄发的道理，后来终于成了一个了不起的人物。

那么怎样才能做到厚积薄发呢？

第一，要给自己创造一种平和的心境。有了平和的心境，才能在拿得起放得下中不断砥砺自己，才能在少安毋躁中冲破逆境的重围，从容而自信地面对未来。

几年前在中国的家电业市场竞争趋于白热化之时，大家都纷纷卷入技术战、人才战、价格战、营销战之中，每个企业都想无限度地拔高自己的企业定位，以为高调就能把自己打造成行业旗舰，结果都成了困兽，困兽犹斗。其实，谁要是能在这个时候多出一个低调的心眼，用平和的心境来调整自己，或许就能冲出重围，为自己获得更多的成功机会。

后来人们发现，美的电器公司成功了。再仔细了解之后更是发现一家电器公司突然冒出大客车生产线来。可是美的就做到了，并且转产得非常成功，他们靠的是什么？当然是厚积薄发。即当同行业纷纷往一处使劲时，他们却比谁都平静，这种平静叫拿得起放得下，在平静中显平和，在平和中找出路。

同样在职场中，最难能可贵的也是那些以和为贵、以谦为上的低调职员。这种低调表现在行动上，通常表现为耐得住工作的寂寞与枯燥，在平凡中踏踏实实、平平和和地酝酿着来日的厚积薄发。

当然，人往高处走，水往低处流，在职场求上进，爱表现自己这不算什么坏事。毕竟不想当元帅的士兵不是好士兵，可现实中真正能够心想事成、平步青云的人毕竟是少数。有时候，处处都能听到各种对现实不满的牢骚，尤其一些刚走出校门的毕业生，学历不高，资历不够，一说起薪水要求，就发出"没几千块不干"的论调，于是摇头叹息，或感慨长啸，或怒目不语，或悲天悯人，觉得自己怀才不遇，老板都是黑心肝。

第二，要有足够的耐心。这样才能在自我拓展过程中学会在变化中等待，在等待中变化，步步为营，循序渐进，并适时地寻找和把握每一个最佳契机，把自己的能量在可操作的平台中厚积而薄发。

有一句话流行了很久，叫"埃菲尔铁塔不是一天盖起来的"，那些功成名就的商业巨擘同样也不是靠高举什么旗帜、唱什么高调而一夜成名的，而是靠着厚积薄发的理念，靠"把调子放低，把事情做多"闯出来的。不然的话，怎么会有"鸟枪换炮"这一说呢？

第三，要经得住坎坷，有渡过危机的心理准备。希腊船王曾说过一句话："若是有朝一日我一贫如洗，我唯一东山再起的办法就是到一家富人聚会的餐厅做服务小生。"一个船王尚且有这等厚积薄发的处世理念，我们大家是不是也应有如此觉悟呢？

◆ 让一步，收获更大

你知道吗？你所有的思想及言行，造就了全部的你。为他人提供良好的服务，善意地对待他人，对自己一定会有帮助；斤斤计较，吹毛求疵，处心积虑地伤害别人，自己也几乎体会不到内心的宁静。

在狭窄的路上行走，要留一点儿余地给别人走；羊肠小道两个人互相通过时，如果争先恐后，那么两人都有坠入深谷的危险，在这种情况下先停住脚步让对方过去，才是最有礼貌、最安全的。

遇到美味可口的饭菜时，要留出三分让给别人吃，这才是一种美德。路留一步，味留三分，是提倡一种谨慎的利世济人的方式。在生活中，除了原则问题必须坚持外，对小事、个人利益互相谦让更会带来个人的身心愉快。

一天，一户人家来了远方造访的客人，父亲便让儿子上街去购买酒菜，准备请客，没想到儿子出门许久都没回来，父亲等得不耐烦了，于是自己就上街去看个究竟。

父亲快到街上的便桥时，发现儿子在桥头和另一个人正面对面地僵持站在那儿，父亲就上前询问："你怎么买了酒菜不马上回家呢？"

儿子回答说："老爸，你来得正好，我从桥这边过去，这个人坚持不让我过去，我现在也不让他过来，所以我们两个人就对上了，看看究竟谁让谁！"

父亲听完儿子的一席话，就上前声援道："孩子，好样的，你先把酒菜拿回去给客人享用，这儿让爸爸来跟他对一对，看看究竟谁让谁！"

在社会上，无论说话也好，做事也好，好多人都不肯给别人留一点儿余地，不愿给别人一点儿空间，到处有这对父子的影子，往往只为了"争一口气"，本来没有什么大不了的小事，非要大费周折，互不让步，结果小事变大事，甚至搞得两败俱伤，何苦呢？

人活在世间若是不能忍受一点儿闲气，不愿让人一步，往往使自己到处碰壁，到处遭遇阻碍。不肯给人方便，结果自己到处不方便。

如果一个人平常在语言上让人一句，在事情上留有余地，也许收获就会更大。

让人，多发生于竞争情境，由于让人行为而使矛盾化解、争斗平息，对手变手足，仇人变兄弟，因此，让人是避免斗争的极好方法，对个体也具有一定的价值。它具体表现如下：

（1）得理不让人，让对方走投无路，有可能激起对方"求生"的意志，而既然是"求生"，就有可能是"不择手段"，这对你自己将造成更多的伤害，好比把老鼠关在房间内，不让其逃出，老鼠为了求生，会咬坏你家中的器物。放它一条生路，它"逃命"要紧，便不会对你的利益造成破坏。

（2）对方"无理"，自知理亏，你在"理"字已明之下，放他一条生路，他会心存感激，来日自当回报。就算不会如此，也不太可能再次与你为敌。这就是人性。

（3）得理不让人，伤了对方，有时也可能连带伤了他的家人，甚至毁了对方，这有失厚道。

（4）人海茫茫，"后会有期"却时常发生。你今天得理不让人，哪知他日你们二人会不会狭路相逢？若届时他势旺你势弱，你就有可能吃亏！"得理让人"，这也是为自己以后留条后路。

人情翻覆似波澜。今天的朋友，也许将成为明天的对手；而今天的对手，也可能成为明天的朋友。世事如崎岖道路，困难重重。因此，走不过去的地方不妨退一步，让对方先过，就是宽阔的道路也要给别人三分便利。这样做，既是为他人着想，又能为自己留条后路，多一个朋友多一条路。

做人要圆融变通，就要学会"让"的艺术，让人一步有时能让你获得意想不到的好效果。

第四章　百忍成金——忍耐成就人生

◆ 为人处世要善于忍耐

善于忍耐，是一种本领。不会忍耐，就不会进步，而且还有可能失去朋友。

事实上，不论是搞什么，政治、军事、经商、科研……要想成功，都离不开"忍耐"二字。世界确实很大，但如果没有忍耐力，在哪儿也干不长，这样一来就等于没有安身之地，更谈不上升迁了。

拿经商来说，有句老话："急不入财门。"你越是急着赚钱，仓促入市，越是赚不到钱。正如老约翰·洛克菲勒所说："在商场上，成功的第一要素是耐心。"

在军事上，因为不会忍耐而导致失败的例子很多。

战国时期，秦昭襄王四十七年，秦国派军队攻打赵国。赵孝成王派老将廉颇率兵抵抗。秦军强大，赵军连连失利。廉颇坚守壁垒，不论秦兵如何挑战，皆不出兵。秦军久攻不下，秦昭襄王十分着急。这时秦国相国范雎设计了一个反间计，诱使赵王撤了廉颇，换上青年将领赵括。赵括年轻气盛，一到任就按捺不住，出城反击秦军。此举正中秦军下怀，佯装败走。赵括亲率大军追击，被秦军一分为二，团团围住。赵军被围两个多月，断了粮草，军人互相残杀而食。赵军几次突围都被秦军攻了回去。赵括急了，亲自率领士兵与秦军搏斗，被秦兵用乱箭射死。赵军大败，四十多万将士被秦将一起坑杀（活埋）。赵国从此一蹶不振。

俗话说："忍字心头一把刀。"忍耐，无疑是痛苦的。谁不想痛痛快快、速战速决？可是，事物的发展、变化需要时间。时机不成熟勉强去做，难免碰钉子。所以说人只有因势利导才能成功。

就连动物也懂得忍耐，懂得等待时机。在印度境内的一个自然保护区，有一次工作人员观察到，一只母虎为了捕获猎物，在草丛中潜伏了整整八小时才获得了吃食。如果它不懂得这一点，就要一直饿肚子。

可以说，古今中外，凡能成大器者都善于忍耐。

越王勾践"卧薪尝胆"的故事是人们最为熟悉的，那不也是体现了忍耐的巨大作用吗？能够有所成就者，大多要经受一段艰苦的忍耐时期。

忍耐，并不是消极地等待，而是审时度势，在不动声色中，积极地为日后腾飞做准备。

人际关系专家戴尔·卡耐基指出："成功的人士当中，只有极少的例子是由于个人不平凡的才气。大部分的人都是由于持续不断地努力，才获得成功。"

升迁之路与其他事业一样，进展也总是波浪式的、渐进式的。有时停滞不前，有时突飞猛进，然后又是缓缓前进……你必须有耐心。本杰明·富兰克林说得好："也许你笨手笨脚，可是只要持之以恒，你就会看到不凡效果。"

◆ "回避"也是生活的艺术

20世纪60年代的美国，有一位很有才华、曾经做过大学校长的人，参与竞选美国中西部某州的议会议员。这位先生资历很高，又精明能干、博学多识，看起来很有希望赢得选举的胜利。但是，在选举的中期，有一个很小的谣言在其中散布开来：三四年前，在该州首府举行的一次教育大会中，他跟一位年轻女教师"有那么一点暧昧的行为"。事实上这是一个弥天大谎，这位候选人对此感到非常愤怒，并尽力想要为自己辩解。由于按捺不住对这一恶毒谣言的怒火，在以后的每一次集会中，他都要站起来极力澄清事实，证明自己的清白。其实，大部分选民根本没有听到过这件事，但是，现在人们却越来越相信有那么一回事，真是越抹越黑。于是公众们振振有词地反问："如果他真是无辜的，他为什么要百般地为自己狡辩呢？"如此火上加油，使得这位候选人的情绪变得更坏，也更加气急败坏地在各种场合为自己洗刷，谴责谣言的传播。然而，这却更使人们对谣言信以为真。最悲哀的是，连他的太太也开始相信谣言，夫妻之间的亲密关系被破坏殆尽。当然最后他失败了，从此一蹶不振。

屏幕硬汉施瓦辛格竞选州长时，也面对了各种刁难和中伤，可他根本不去理会，不去应答那些无聊的责难。这反而增加了他在选民中的人格魅力，赢得了更多选民的信赖和支持，最终获得了大选的胜利。

不仅竞选是这样，现实生活也是如此，自己想做什么事，就一心一意地去实现它。对出现的阻挠不要介意，把它们当作生活中的琐屑之事，暂时回避一下，就会风平浪静，一切就会过去了。

◆ 扬长避短，智慧经营

商人的目的就是以赚钱为主，即便如此也一定要有眼光，不能随意出手，要根据自己的特长，学会从小处突击，去夺得大的收益。

1. 专注于"小"市场

公司可分为大公司和小公司。此外，个人独资的小商店，也具有私营公司的特性。

如果以船来比喻，大公司就像航空母舰，中小公司是驱逐舰，而个体商店和私营公司就是炮艇。航空母舰虽强而有力，却缺少机动力，相比之下炮艇则行动敏捷，狭小的地方也能进入。

现在的大公司也不见得一直稳如泰山，因投资不慎而倒闭者不计其数，依旧需要瞪大眼睛寻求新事业。所以，中小公司若热衷于新路线，如果不能别出心裁，一旦让大公司侵入，辛苦开发的市场就会被抢走，而沦为大公司的附庸，甚至被挤出。

中小公司，想要开发和大公司相同的某些产品，或拓展大公司很容易侵入的行业，一定没有能力竞争，所以，尽力做大公司不易渗入的生意才是生财之道。

2. 小公司宜重点突破，不宜分散经营

小有成就的经商者一旦成了小强人就忘乎所以，除了自以为一贯正确外，还有一种通病，就是认为自己是万能的。在这里，万能不仅是什么工作都能干，更是指做什么行业都能成功。

大公司分散经营，自有它的道理，那就是要维持增长。分散经营，可避免某一行业、某一市场的起落对公司的不利影响。投资别的公司，目的是使资金永远活跃。要使公司不断增长、不断盈利是很困难的，而分散经营是解决这些困难最好的捷径。

小公司无须分散经营，没有动力可以分散经营。如果真的一帆风顺的话，最有利的做法是不断扩大经营，不断渗透市场。

当企业在市场上遇到阻力时，往往就是小公司分散精力的第一个引诱。在这种情况下，公司可直闯下去，也可绕过问题另辟战场。许多小公司会选择后者，因为这样可以不打硬仗，这是个聪明的方法。殊不知，无论你如何聪明能干，步入一个新行业时，必定要重新学习，重新汲取新的知识和技巧，重新培养新的供应商和客户关系，这都需要很多时间、精力以及其他人力物力。如果你能狠下决心，将同样多的资源投于现在的战场上，其成果未必比开辟新的战场小。

大公司有时会遇到市场衰老停滞的困境，欲进不能，但小商品市场海阔天空，距离这个困境则远得很。即使处于衰退之际，如果可以设法降低成本以提高竞争力，改进产品，加强促销，也是有可能逆流而上的。试想，在衰退的环境下，开辟一条新战线，是多么艰难的一件事！

3. 多元化经营，不可贸然行事

多元化经营是多数成熟期企业的共同做法，钢笔制造公司生产机器人，汽车行业者进入不动产市场，意外地发现"某某公司在制某产品"之类事情，早已屡见不鲜。

多元化经营是弥补主业发展不足的有效手段。但是，基于"本业产品销路不好，所以采取多元化经营"的动机，突发奇想地进行多元化经营，日后必有隐忧。

认为某个市场正在成长，贸然加入而失败的例子很多。与本业有关的市场还好，如果是一个全新的领域，就必须从头开始，成功的可能性也就大大地降低。况且，既然是成长中的市场，其他企业必然也会前来分一杯羹，这就增加了冒险机会，一旦失败恐怕只会血本无归。如起初参与手机市场的一些企业，品牌在数次竞争后，退出的退出，倒闭的倒闭。所以，在开发另一个新领域之前，必须做好足够的市场调查，选准市场定位，订立周全的计划，同时还得适时觉悟才行。

在此必须强调的一个原则是"不可因本业不振而任意走上多元化一途"。在走向多元化之前，首先必须彻底地反省本企业，如果改进之后结果依然不见好转，才可开始考虑多元化经营。

◆ 学会弯曲

在加拿大的魁北克有一个南北走向的山谷，这个山谷没有什么特别之处，唯一能引人注意的，是它的西坡长满松、柘、女贞等树，而东坡却只有雪松。对这一奇异的景观许多人都不明所以，一直以来也没有令人满意的答案。而揭开这个谜底的，是一对普通的夫妇。

那是1983年的冬天，这对夫妇打算进行一次浪漫之旅，他们来到这个山谷的时候，天下起了大雪。他们支起帐篷，望着漫天飞舞的大雪时突然发现，由于特殊的风向，东坡的雪总比西坡的雪来得大、来得密，不一会儿，雪松上就落满了厚厚一层雪。不过，雪积到一定程度，雪松那富有生气的枝丫就会向下弯曲，直到雪从枝头滑落；这样反复地积、反复地落，雪松完好无损。可其他的树，如那些柘树，因没有这个本领，树枝被压断了。西坡由于雪小，总有些树挺了过来，所以西坡除了雪松，还有柘树、女贞之类。帐篷中的妻子发现了这　景观，对丈夫说："东坡肯定也长过杂树，只是不会弯曲才被大雪摧毁了。"丈夫点头称是，并兴奋地说："我们揭开了一个谜底——而且还说明了一个道理：对于外界的压力要尽可能地去承受，在承受不了的时候，要像雪松一样，学会弯曲，学会给自己减轻压力才有可能活下去。"

人生在世，不如意的事很多，有时面对压力，我们要学会适当地"弯曲"与退避，这种弯曲并不是软弱无能，是为了更好地"生存"与前进。

◆ 吃得苦中苦，方为人上人

艰苦的生活对人是一种磨炼，更是对意志品质的一种考验，同样是培养自己远大理想和浩然正气的途径。只有能够忍受住这种生活中的艰苦，才会不怕前进道路中的障碍。

明朝宋濂字景濂，是浦江人，官至翰林学士，承旨知制诰。主修《元史》，参加了明初许多重大文化活动，参与了明初制定典章制度的工作，颇得明太祖朱元璋器重，被人认为是明朝开国文臣之中的佼佼者。

宋濂年幼的时候，家境十分贫苦，但苦学不辍。他自己曾在《送东阳马生序》中讲："我小的时候非常好学，可是家里很穷，没有什么办法可以寻找书看，所以只能向有丰富藏书的人家去借书看。借来以后，就赶快抄录下来，每天拼命地赶时间，计算着到了时间好还给人家。"正是这样他才得到了丰富的学识。

有一次天气特别寒冷，冰天雪地，北风狂呼，甚至连砚台里的墨都冻成了冰，家里穷，哪里有火来取暖？手指冻得都无法屈伸，但仍然苦学不敢有所松懈。抄完了书，天色已晚，无奈只能冒着严寒，一路跑着去还书给人家，一点儿不敢超过约定的还书日期。因为他的诚信，所以许多人都愿意把书借给他看。他也就因此能够博览群书，增加见识，为他以后成才奠定了基础。

面对贫困、饥饿、寒冷，宋濂不以为意、不以为苦，因他所追求的是努力向学成大业。到20岁，他成年了，就更加渴慕向贤达之士学习，他常常跑到几百里以外的地方，去找自己同乡中那些已有成就的前辈虚心学习。有一位同乡位尊名旺，在他那里的名人来往得很多，名气也很大，有不少人赶到他那里学习，他的言辞和语气很傲慢，一副盛气凌人的样子。宋濂就侍立在他旁边，手拿着儒家经典向他请教，俯下身子，侧耳细听，唯恐落下什么没有听明白。有时候这位名气很大的同乡，对他提出的问题不耐烦了，便会大声斥责他，宋濂的脸色更加恭敬，礼节愈加周到，连一句话也不敢说。看到老师高兴的时候，便又去向他虚心请教。他还自谦地说："我虽然很愚笨，但也学到了许多东西。"

　　后来他觉得这样学习不是长久之计，于是就开始到学校里拜师学习。一个人背着书箱，拖着鞋子，从家里出来，走在深山峡谷之中，寒冬的大风，吹得他东倒西歪，数尺深的大雪，把脚下的皮肤都冻裂了，鲜血直流，他也没有知觉。等到了学馆，人几乎被冻死，四肢僵硬得不能动弹，学馆中的仆人拿着热水把他全身慢慢地擦热，用被子盖好，很长时间以后，他才有了知觉。

　　为了求学，宋濂住在旅馆之中，一天只吃两顿饭，什么新鲜的菜、美味的鱼肉都没有，生活十分艰辛。和他一起学习的同学们，个个衣服华丽，戴着有红色帽缨镶有珠宝的帽子，腰里佩着玉环，左边佩着宝刀，右侧戴着香袋，光彩夺目，像神仙下凡一样。但是宋濂不认为那是什么快乐，丝毫也没有羡慕他们，而是穿着自己朴素无华的衣服，不以为低人一等，不卑不亢，照样刻苦学习，因为学问中有许多足以让他快乐的东西，那就是知识。他根本没有把吃得不如人、住得不如人、穿得不如人这种表面上的苦当回事。

　　正是宋濂能忍受穷苦，自得其乐，才能成就一番事业。他的那些同学一个个生活得很快乐，但是又有几人如他一般名留青史呢？

◆ 留后路也要有勇气

　　想成就大事的有志青年要学会忍耐生活的艰难，要有持之以恒的决心与毅力去面对苍茫人生。只有学会忍耐的人，才有可能与成功携手前行。历史上，总有人为了长久的目的，而忍受了巨大的痛苦。武则天年方十四，便已艳名远播，所以被唐太宗召入宫中，不久便封为才人，又因性情柔媚无比，被唐太宗亲切称为"媚娘"。当时宫中观测天象的大臣纷纷警告唐太宗，说唐皇朝将遭"女祸"之乱，某女子将代李姓成为唐朝皇帝。种种迹象表明此女子多半姓武，而且已入宫中。唐太宗为子孙后代着想，把姓武之人逐一检点，做了可靠的安置，但对于武媚娘，由于爱之刻骨，始终不忍加以处置。

　　后来唐太宗受方士蒙蔽，大服丹铅，虽一时精神陡长，纵欲尽兴，但过不多久，便身形枯槁，行将就木了。而武则天此时风华正茂，一旦太宗离世，便要老死深宫，所以她时时留心择靠新枝的机会。太子李治见武则天貌若天仙，仰羡异常。两人一拍即合，山盟海誓，只等唐太宗撒手，便可仿效比翼鸳鸯了。

　　这时的武则天当然不会考虑"撤退"，她还在安排如何大举进攻，攀附上未来的天子。

　　当唐太宗自知将死时，还想着要确保子孙们的皇帝位置，就想让颇有嫌疑的武则天跟随自己一同去见阎罗王。临死之前，他当着太子李治之面问武媚娘："朕这次患病，一直医治无效，病情日日加重，眼看着是起不来了。你在朕身边已有不少时日，朕实在不忍心撇你而去。你不妨自己想一想，朕死之后，你该如何自处呢？"

武媚娘冰雪聪明，哪还听不出自己身临绝境的危险。怎么办？武媚娘知道，此时只要能保住性命，就不怕将来没有出头之日。然而要在这种情况下保住性命，又谈何容易，唯有丢弃一切，方有一线希望。于是她赶紧跪下说："妾蒙圣上隆恩，本该以一死来报答。但圣躬未必从此一病不愈，所以妾才迟迟不敢就死。妾只愿现在就削发出家，长斋拜佛，到尼姑庵去日日拜祝圣上长寿，聊以报效圣上的恩宠。"

唐太宗一听，连声说"好"，并命她即日出宫，"省得朕为你劳心了"。原来唐太宗本要处死武媚娘，但心里多少有点儿不忍。现在武媚娘既然敢于抛却一切，脱离红尘，去做尼姑，那么对于子孙皇位而言，沾着的武媚娘成为尼姑，等于死了的武媚娘，不可能有什么危害了。

武媚娘拜谢而去。一旁的太子李治却如遭晴空霹雳，动也动不了。唐太宗却在自言自语："天下没有尼姑要做皇帝的，我死也可安心了。"

李治听得莫名其妙，也不去管他，只想到心爱的人要做尼姑了。他借机溜出来，去了媚娘卧室。见媚娘正在检点什物，便对她呜咽道："卿竟甘心撇下了我吗？"媚娘道："主命难违，只好走了。""了"字未毕，泪已雨下，泣不成声了。太子说："你何必自己说愿意去当尼姑呢？"武媚娘镇定了一下情绪，把自己的计策告诉李治："我要不主动说出去当尼姑，只有死路一条。留得青山在，不怕没柴烧。只要殿下登基之后，不忘旧情，那么我总会有出头之日……"

太子李治佩服武媚娘的才智，当即解下一个九龙玉佩，送给媚娘作为信物。太子登基不久，武媚娘果真再次进宫，不久之后就成为中国历史上声名赫赫的一代女皇。

◆ 忍耐到底才能转败为胜

学会用理智克制心中的情感，只有这样才能办成大事。

日本矿山大王古河市兵卫就曾说过"忍耐即是成功之路"。古河市兵卫，小时候是一名豆腐店的工人，后又受雇于高利贷者，当收款员。有一天晚上，他到客户那儿催讨钱款，对方毫不理睬，并且干脆熄灯就寝，一点儿都不把古河放在眼里。古河没有办法，忍饥受饿，一直等候到天亮。早晨，古河也并没有显出一点儿愤怒，脸上仍然堆满笑容。对方被古河的耐性感动，立即态度一变，恭恭敬敬地把钱付给了他。他的这种认真随和又富有耐性的工作精神、诚恳的待人态度，让老板大为欣赏，没有多久，老板就介绍他去财主古河家做养子。之后，他便进入豪商小野组（组等于现在的公司）服务。因工作表现优异，几年后就被提升为经理。

发家后的古河买下了废铜矿——足尾铜矿。这个足尾铜矿山是个早已被人遗弃的废铜矿山。因此，他一开始进行开采时，就有人嘲笑他，视他为疯子。

但是，古河对此根本不在乎。就这样，一年过去了，两年过去了，一直不见铜的影子，而资金却一天一天地减少。但他一点儿都不气馁，面对困境，咬紧牙关，抱定死要和矿山一起死的决心，跟矿工们同甘共苦，惨淡经营，四年如一日，就在一万两金子的本钱几乎要化为乌有时，苦尽甘来，铜矿石终于被挖出来了。

他这种倔强和不达目的绝不罢休的忍耐性，是别人所做不到的。

有人问古河成功的秘诀，他说："我认为发财的秘方在于忍耐二字。能忍耐的人，就能够得到他所想要的东西。能够忍耐，就没有什么力量能阻挡你前进。忍耐即是成功之路，忍耐才能转败为胜。"

◆ 耐心等候时机降临

以坚韧为资本而终获成功的年轻人，比以金钱为资本获得成功的人要多得多。人类历史上很多成功者的故事都足以说明：坚韧是克服贫穷的最好药方。

生活在社会当中，谁都会有不顺利的时候，也会有突然跌倒落入逆境的窘境。就像钢铁只有经过无数次的敲打才能成型，人性也只有经过无数次的打击磨炼后，才会变得更加坚韧成熟。

在逆境中崛起的人必定有坚忍之志，而坚忍之志来源于对事业孜孜不倦的追求。虽然成功的机会对于每个人都是均等的，但是，它并不是每个人都能获得的，成功属于坚忍者。有了坚忍之志，才能战胜险恶的环境，才能在逆境中崛起。

张良年少时因谋刺秦始皇未遂，遭秦王朝缉捕，被迫流落到下邳。一日，他到沂水桥上散步，遇一穿着短袍的老人，老人故意把鞋摔到桥下，然后傲慢吩咐张良说："小子，下去给我捡鞋！"张良一时愕然，不禁举拳想要打他，但碍于长者的原因，不忍下手，只好违心地下去取鞋。老人又命张良给穿上。饱经沧桑、心怀大志的张良，对这种带有侮辱性的举动，居然强忍不满，膝跪于前，小心翼翼地帮老人穿好鞋。老人非但不谢，反而仰面长笑而去。张良呆视着老人的背影，心中一片茫然，可没想到老人又折返回来，赞叹说："孺子可教也！"并约张良五天后凌晨在此再次相会。张良迷惑不解，但反应仍然相当迅捷，跪地应诺。

五天后，鸡鸣的时候，张良便急匆匆赶到桥上。不料老人已先到了，并斥责他："为什么迟到？再过五天早点儿来。"第二次，张良还是迟到了。第三次，张良半夜就去桥上等候。他的真诚和隐忍博得了老人的赞赏，这才送给他一本书，说："读此书则可为君王指挥军队，十年后天下大乱，你用此书兴邦立国，十三年后再来见我。我是济北毂城山下的黄石公。"说完扬长而去。

张良惊喜异常，天亮看书，原来是西周姜子牙所著的《太公兵法》。从此，张良日夜诵读，刻苦钻研兵书，俯仰天下大事，终于成为一位深明韬略、文武兼备、足智多谋的军事家，在楚汉之争中立下汗马功劳。

大丈夫要能屈能伸，人在屋檐下，哪能不低头。多几分忍耐，你或许就多几分成功的把握。

舒伯特从小就对音乐产生浓厚的兴趣。长大后，尽管生活困苦不堪，他也丝毫没有减弱对音乐的酷爱。一次，舒伯特被饥饿折磨得焦躁不安，漫无目的地在大街上走着。他被酒店的酒菜香吸引，不由自主地走了进去。望着满桌的鸡鸭鱼肉味美色鲜，饥肠辘辘的舒伯特多想吃点儿什么东西充饥呀。然而他口袋空空，身无分文。他只好随便地翻着一张旧报纸，突然，几首儿歌一下子触动了他此时无限悲凉的心，灵感霎时涌上心头，他立即掏出纸笔，飞快地记录下脑中盘旋的儿时的记忆和现实的凄凉，整首乐曲一挥而就。闻名后世的《摇篮曲》，就是在舒伯特饿得发昏的时候诞生的。

音乐，是舒伯特赖以支撑没有倒下去的一个顽强支点。凭着它，舒伯特才有异乎寻常的坚忍之心，才能在艰难困苦之中迈出坚实的步伐，才有了他音乐生涯的最后辉煌。

忍耐是做人必备的资本。历史上"断齑划粥"的故事，说的就是以"先天下之忧而忧，后天下之乐而乐"名句传世的范仲淹。范仲淹幼年丧父，家境贫困，但他从小就养成了宁可不吃饭也要读书的好习惯。他住在醴泉寺僧房时，因口粮不足，便把仅有的一点儿粮食煮成一锅稀饭，等冷凝后，用刀划成几块，再切上几根咸菜，每顿饭各取一块充饥。就这样，在三年的时间里，他都坚持在僧房昼夜苦读，终于获得了丰富知识，掌握了治国安邦平定天下的本领，后来成为宋代著名的政治家、文学家、军事家。他这种在逆境中顽强坚忍的搏击精神，同他的《岳阳楼记》一样广为人们传颂，成为战胜逆境的顽强力量。

孔子带着弟子周游列国时，曾经在陈被人围困，吃的东西都没有，连续几天动弹不得。子路忍不住大叫："君子也会遇到这种悲惨的境遇吗？"孔子对子路的不满视而不见，他回答道："人的一生都会有好和坏的境遇，最重要的是处在逆境中的人们如何去排遣它。"

任何人的一生不可能一帆风顺，总会遇到挫折。无论从事什么工作，都会有不顺心的事情发生。长时间下来，谁都会产生悲观情绪。当然，人生也并不尽是曲折，也会有云开日出的时候。只有坚持到底的人，才能等到前途无限的光明。所以，凡事须耐心等待时机的来临，不要心浮气躁，困难降临时也不要惊慌失措。当然，身处顺境亦不能得意忘形，也要谨慎小心。

唯有如此，才能守得云开见月明，终成大业。

◆ 磨难挡不住强者前进的脚步

人生是一场充满未知的旅行，其中会有磨难发生，也会有幸运降临。许多人之所以取得了成功，都源自他们战胜了所承受的磨难，等来了幸运。最好的才干诞生于烈焰之火的灼烧，诞生于砺石之上的磨炼。

不计较的人生智慧

磨难并不是我们的仇人，而是我们的恩人；最大的磨难，就是使我们奋力前行的最好的鞭策。看看那些橡树吧，经过千百次暴风雨的洗礼，非但不会折断，反而愈见挺拔；看看废墟上的鲜花吧，经历磨难，反而愈加芬芳。在克里米亚的一场战争中，有一枚炮弹毁灭了一座美丽的花园，弹坑却流出泉水，成了一眼著名的喷泉。这对经历磨难的人而言不啻是一个谶语。

许多人不到穷途末路的境地，就不会发现自己的力量，而灾祸的折磨反而使他们发现真我。磨难也是一样，它犹如凿子和锤子，能够把生命雕琢出力与美的线条来。磨难会激发人的潜力，唤醒沉睡着的雄狮，引人走上成功的道路，如同河蚌能将体内的沙泥化成珍珠一样。

火石不经摩擦，不会发出火光。钻石越坚硬，它的光彩也越炫目。而要将其光彩显示出来所需的琢磨也需有力，只有经过琢磨，才能显露出钻石的璀璨。

自信和坚强的人，即便身处牢狱，也能燃起勇士心中沉睡的火焰。你知道吗？著名的《堂吉诃德》是在西班牙马德里的监狱里写成的。塞万提斯在监狱里穷困潦倒，甚至连稿纸也无力购买，只好在小块的皮革上写作。有人劝一位富裕的西班牙人来资助他，可是那位富翁答道："上帝禁止我去接济他的生活，他唯因贫穷才使世界富有。"

《鲁滨孙漂流记》一书也是在牢狱中写成的。一部《圣游记》也诞生在贝德福德的监狱中。瓦尔德·罗利爵士那著名的《世界历史》一书也是在他被困监狱的13年当中写成的。马丁·路德被监禁的时候，把《圣经》译成了德文。但丁被宣判死刑后，在他被放逐的20年中，仍然孜孜不倦地创作。约瑟尝尽了地坑和暗牢的痛苦，终于做到了埃及的宰相。

音乐家贝多芬在两耳失聪、穷困潦倒之时，创作了最伟大的乐章。

席勒病魔缠身15年，却在这一时期写就了最辉煌的著作。弥尔顿就是在他双目失明、贫困交加之时，写下了他最著名的作品……

也许正是因为如此，有人甚至说："如果可能，我宁愿祈祷更多的磨难降临到我的身上。"

一个年轻人，原来家境非常贫寒，常被那些家境富裕的同学取笑。在同学们的讥笑中，他立志要做出一番轰轰烈烈的事业来。后来，这个青年果然取得了成功。他说，自己在学生时代所受到的各种讥笑是对他最好的磨砺。

居里夫人也曾说："不要叫别人打倒你，不要叫事情打倒你。"这里补充一句：更不要叫困难打倒你。在人生大舞台上，不管你担任的是什么角色，你能不能成功，这纯粹要看你付出多少努力和汗水。你越是能坚持、越是能奋斗，你成功的希望就越大。

第五章　忍辱负重，韬光养晦终能苦尽甘来

◆ 忍耐是成功的试金石

　　面对不利于己的环境形势，智者总会选择忍耐，避其锋芒。正如在战场上敌人势强时，不要硬与之对抗，应当韬光养晦，暗中积蓄力量，以期来日的成功。在中国古代，有不少通过忍耐危险卑微的环境韬光养晦，最终取得成功的实例。

　　公元前188年8月，汉惠帝生病死了。惠帝的吕皇后没生过儿子，就找了一个小男孩冒充自己生的，立他为太子。吕后又怕这孩子的母亲泄露秘密，就把她杀了。太子即位，称为少帝。吕太后替少帝临朝，代行皇帝的职权。

　　为了扩大吕家的势力，汉惠帝还没下葬，吕太后就封自己娘家的侄子吕台、吕产、吕禄做将军，让他们分别带兵驻在南军和北军中。南军和北军是直接保卫首都和皇宫的禁卫军，太后把吕家的人安排在这里，心里就踏实了。她又让吕家的其他人都到皇宫里任职，把持了宫中各部门的权力。这许多吕家人，史书上统称"诸吕"。

　　过了不久，吕太后又想封诸吕为王，先去试探右丞相王陵的口气。王陵是个直性子人，一听就急了，说："那可不行！当初高祖跟大臣们

杀了白马起誓说：'不是刘家人封王的，天下一起讨伐他！'如今您要让吕氏做王，那是违背盟约的。"太后很不高兴，又去问左丞相陈平和绛侯周勃。陈平、周勃知道现在吕家掌握大权，提出反对意见也没有用，不如先顺着吕后，以后再想办法，就回答说："高祖平定天下后，封了自己的子弟做王，现在太后您掌管天下，也封吕家的人为王，也没有什么不可以的。"太后很高兴，认为陈平忠心于她，就拜王陵为太傅，免了他的丞相职务，提升陈平为右丞相，让自己的亲信审食其做左丞相。不久，太后把自己的侄儿们有的封了王、有的封了侯，又把吕家的女子嫁给刘家的男子，把刘家的人从里到外都控制了起来。

后来少帝知道了母亲被杀的事，就说："太后怎么能杀我的母亲？等我长大了，一定要为母亲报仇。"这话传到太后耳朵里，她十分恐慌，就把少帝软禁起来，对外说他得了重病，不让任何人见他。公元前184年，吕太后废少帝立常山王刘义为皇帝，给他改名刘弘，但这个皇帝仍不过是个傀儡，实际权力还是掌握在吕太后手中。

陈平看到这种情况，心里暗暗着急，但没有力量阻止，还怕太后猜疑自己，于是天天在家吃喝玩乐，不怎么过问政事。吕嬃还记恨着陈平奉命逮樊哙的那件事，总是在太后面前说陈平的坏话："陈平挂着个丞相的名，什么事也不干，整天在家喝酒、玩乐。"陈平知道了反而更加如此。吕太后不但不怪罪他，而且暗暗高兴。为什么呢？她知道陈平是个有才能的人，就怕他给刘家出主意对自己不利呢！现在他不管事，不是正好吗？有一次，吕太后还当着吕嬃的面对陈平说："俗话讲小孩妇女的话听不得，你不要怕吕嬃讲你的坏话，我心里有数呢。"

当时有一个辩士陆贾，起先在刘邦手下做太中大夫。刘邦死后，他见吕太后想让诸吕掌权，又担心能言善辩的大臣们反对，生怕她会找个借口杀了自己，于是请了病假，待在家里。后来看吕太后搞得越来越不像话，他就偷偷去看望陈平，试探着问："丞相好像心事重重的样子，在想什么呢？"陈平也不回答，反问说："你猜我想什么？""我看你没别的可忧虑，就是担心诸吕危害刘家天下吧？""是的，"陈平实言相告说，"你有什么好主意？"陆贾说："一个国家能不能稳定，就看丞相和大将是不是相处和睦，同心协力。现在国家的安危全在您和周太尉身上，您怎么不去主动结交周太尉呢？"

陆贾这样说是有根据的。原来当初陈平投靠刘邦时，周勃背地里说过他不少坏话，两人关系一直不好。这会儿陈平想想陆贾的话很有道理，就主动献上一笔钱给周勃祝寿，又备下丰盛的酒席，请周勃来家痛痛快快地喝了一天，周勃也同样回请了陈平。从此，陈平、周勃两人结成盟友，决定共同对付诸吕。

公元前180年7月，吕太后病重。她估计自己死后大臣们会起来消灭诸吕，就任命吕禄做了上将军，让他统领北军，让吕产统领南军。又嘱咐他们一定要掌握军队，保卫皇宫，不要让人钻了空子。过了几天，吕太后驾崩，吕产当了相国，吕禄的女儿被立为皇后。

吕太后死后，诸吕掌握了大权，想要制造动乱，篡夺刘家的天下，朱虚侯刘章的妻子是吕禄的女儿，她把这消息告诉了刘章。刘章忙派人给自己的哥哥齐王刘襄送信，让刘襄发兵来攻打长安，自己在皇宫里做内应。刘襄接到信后，就找来舅父驷钧、郎中令祝午、中尉魏勃暗中商量发兵的事。这消息被齐王的相召平知道了，他立即带兵包围了王宫。魏勃去见召平，骗他说："大王想要发兵，却没有朝廷的虎符，您把王宫包围起来，做得真对！不过您是相国，还有好多大事要处理，要是您信任我，就把包围王宫这差事交给我吧。"召平见魏勃说得那么诚恳，就把兵权交给了他。魏勃接过兵权，立即带着部队，反把相府包围了起来，召平后悔莫及，只得自杀。刘襄就任命驷钧为相，魏勃为将军，祝午为内史，征发齐国境内的所有部队。又让祝午把琅琊王刘泽骗来齐国，把琅琊国的兵马也夺了过来，两支人马合成一支，向长安杀去。

吕产等人听说齐王打过来了，连忙派将军灌婴带兵去迎战。灌婴走到荥阳，心里暗暗思量："诸吕把持着朝廷大权，想要篡夺刘家的天下，我要是打败了齐军，不是正帮了吕家的忙吗？"他这么想着，就让部队停下来，派人送信给齐王和其他诸侯，大家联合起来，等机会一起消灭诸吕。齐王接到信，便将军马原地驻下，等着灌婴的消息。

这时在长安城里，陈平、周勃也正在商量着动手灭吕的计划。陈平想来想去想了一条计策，派人劫持了吕禄的好朋友郦寄的父亲郦商，让郦寄去骗吕禄说："如今太后去世，皇上年幼，赵王和梁王都不赶快回自己的封国去，却待在京城里当将军，让别人怀疑你想要篡权，这多不好！您和梁王不如都把兵权交给太尉，跟大臣们订立盟约，然后回自己的封国去，那么齐王一定会退兵，大臣们也就没什么好说了。您安安心心地做自己的赵王，多么快活呀！"吕禄听了，犹豫不决。

到了8月，吕产得知灌婴已经跟齐国联合，忙赶着进宫去劫持皇帝。陈平、周勃听到这消息，派人拿着皇帝的使节假传命令，让周勃统领北军，又让郦寄再去劝说吕禄："皇上已经派太尉接管北军，让您赶快回赵国去，您再不走可就要倒霉了！"吕禄素来相信郦寄，立刻解下官印，把兵权交给了周勃。周勃佩着大印进入军门，又派刘章带1000多名士兵赶去保卫皇帝。刘章赶到未央宫，正遇上吕产，经过一场战斗，吕产被刘章杀了。

第二天，陈平、周勃又派人四处搜捕吕家的人，把吕禄、吕嬃等全都杀了。然后，大臣们一起合计，拥立刘邦的第三个儿子代王刘恒做了皇帝，而刘恒就是历史上有名的汉文帝。

陈平、周勃等人经过多年的忍耐和准备，终于抓住时机，消灭诸吕，保住了汉朝的天下。他们是有勇有谋的智者，能够最后铲除对手，是善于忍耐的缘故。在政治斗争中要善于保护自己，等待时机，在其他事情上更是如此。

◆ 巧用韬光养晦策略

在中国古代的人生智慧中，"韬光养晦"策略比较流行。韬光养晦是将自己的行动目标、真实意图等隐藏起来，不轻易暴露给别人，而且必要时还要有一定的掩饰。

我们大都听说过"卧薪尝胆"的故事。春秋时期，吴王夫差把勾践打败，吴国便趁机要越王勾践夫妇到吴为奴仆，勾践将国事托给大夫文种，让范蠡随他到吴国。于是，夫差便令勾践为其牵马，令人辱骂。勾践也是一副奴才的样子，驯服无比。

有一回夫差大病，勾践便暗中命范蠡探看，范蠡回来告诉他夫差的病不久即可痊愈。于是勾践便亲自去见夫差，当然是以"探问病情"之理由，并且当着众人的面亲口尝了夫差的粪便。之后勾践便向夫差道贺，说大王的病不几日就能好转，并且向夫差磕了一个头，凑近他身旁告诉他："我曾经跟名医学过医道，只要尝一尝病人的粪便，就能知病的轻重，刚才我尝了大王的粪便，味酸而稍微有些苦味，这是得了医生所说的时气病，此症一定能够好转，大王不用太担忧。"

没过几日，夫差的病果然好转过来。夫差为勾践表面的话语和行动所感动，恻隐之心一起，便把他放回越国去了。

勾践回到越国后，不近女色，不观歌舞，爱护群臣，教养百姓。他靠自己耕种吃饭，靠妻子亲手织布穿衣，不吃山珍海味，不穿绫罗绸缎。勾践甚至褥子都不肯用，床上尽是些干柴干草，并且用绳悬一个苦胆天天尝，以此提醒自己不要忘掉昨日受的凌辱与苦难。他还常常到外地巡视，探望老弱病残。诸大夫对他更加爱戴，他便对他们讲："我预备同吴兵开战，望诸位肝胆相照、奋勇争先，我当与吴王颈臂相交，肉搏而死，此乃我一生夙愿。如果这不能办到，我将弃离国家，告别群臣，身带佩剑，手举利刀，改变容貌，更换姓名，去做奴仆，侍奉吴王，以找机会与吴开战。我知道这要被天下人羞辱，但我决心已定，一定要实现！"

终于，越国抓住有利的时机进攻吴国，吴越两军进行了决战。越军勇猛无比，吴军溃败，越军包围了吴王王宫，攻下城门，活捉了夫差，杀其宰相。灭吴之后，越国势力大大增强，民心欢悦，越国遂称霸于诸侯。

重大事业只有在成功之后才可以论说其成功之谜。如何在人生实践中把握自己的志向目标，便成为一个正确运用韬晦策略的问题。

使用韬晦之策显示出人生智慧的另一个突出例证，是《三国演义》中刘备在与曹操"青梅煮酒论英雄"时的表现。那时刘备在吕布与曹操两大势力争夺中无法保持中立，只好依附曹操，共灭吕布。

曹操在许田围猎时故意表露出有篡位的意图，以试探臣下的心态。届时大臣们敢怒不敢言，只有关羽"提刀拍马便出，要斩曹操"，倒是刘备"摇手送目"，拦住关羽，还用语言恭维曹操说："丞相神射，世所罕见。"这体现出刘备深隐的心机。于是当董承、王子服等人凭汉献帝血写密诏结盟谋划讨曹操时，便把刘备也拉入这个政治集团之内。刘备签名入盟后，"也防曹操谋害，就下处后园种菜，亲自浇灌，以为韬晦之计"。

曹操何等精明，他想刘备这样志向远大的英雄突然种起菜来了，一定有什么重大事情影响了他，于是派许褚、张辽引数十人入园中将刘备请至丞相府，"盘置青梅，一樽煮酒，二人对坐，开怀畅饮"，演出了一段脍炙人口的历史戏剧。当时，曹操几乎明知故问，要刘备承认自己本怀英雄之志。刘备则故意拉扯旁人，先抬出最让人看不起的袁术，曹操斥之为冢中枯骨。刘备又举出袁绍、刘表、孙策、刘璋等人，唯独不提参加了以董承为首的讨曹联盟的马腾和他自己。曹操自然不满意，干脆直言相告："今天下英雄，唯使君与操耳！"刘备所担心的是讨曹联盟之事暴露，听到曹操称自己为"英雄"，以为事情已经暴露，手中匙勺也掉在地上，为避免曹操进一步怀疑自己，只好推说是害怕雷声所致。不想曹操认为这样一个连雷声都害怕的人，或许根本不是什么"英雄"，反而将戒备的疑心放下。这为日后的三分天下奠定了基础。

韬晦之策实际是在自己力量尚无法达到自己追求的目标时，为防止别人干扰、阻挠、破坏自己的行动计划，故意采取的假象策略。

韬晦之策有明确的目的性与功利性，具有极强的主观意识，于是极富于人的主体精神。韬晦之策又有极强的进取性，虽然在表面上有许多退却忍让，却更显示人的韧性与忍辱负重的内在力量。韬晦之策又因极大的隐蔽性具有极强的实效性，它往往攻其不备而出奇制胜，取得事半功倍的结果。

◆ 贪权惹灾祸，忍耐得平安

万祸皆因贪起，一个贪字，不知害了多少人的性命。《韩非子》中有一句话："顾小利则大利之残。"关于这一点，有一个历史故事。

战国时期，晋国想攻打小国虢，而进攻虢国必须经过虞国。因此，晋王赠给虞国国王很多宝物与骏马，要求虞王让晋国军队通过虞国，而能顺利攻打虢国。虞国有一位大臣极力反对借路给晋国，他说："我国与虢国关系十分密切，如果借路给晋国，唇亡齿寒，那么虢国灭亡的同时也将是我国灭亡之日。请陛下绝对不要接受晋国的礼物。"

但是为耀眼的宝石和美丽的骏马所蒙蔽的国王却不听大臣的忠告，而借道给了晋国。结果正如同大臣所预测的，晋军在灭了虢国之后，回程便攻破虞国，宝石和骏马当然又物归原主了。

由于虞国国王受到眼前利益的诱惑而不顾无穷的后患，终致亡国。也许有人会取笑虞王的愚蠢，但其实像这样的事情在我们历史中也是经常发生的。

过于贪恋权柄，集大权于一身不肯轻易松手的人，实际上是很愚蠢的人。他不知道贪权的害处，或是已经知道其害处，仍执迷不悟地疯狂占有权势，不知"忍"一时之害，求身家保全，败亡之祸也就临头了。南宋时的韩侂胄就是这样的人。

韩侂胄在南海县任县尉时，曾聘用了一个贤明的书生，韩侂胄对他十分信任。韩侂胄升迁后，两人就断了联系。宁宗时，韩侂胄以外戚的身份，任平章，主持国政。当他遇到棘手的事情时，常常想起那位书生。

一天，那位书生忽然来到韩府，求见韩侂胄。原来，他已中了进士，为官一任后，便赋闲在家。韩侂胄见到他，十分欢喜，要他留下给自己做幕僚，许诺他丰厚的待遇。这位书生本不想再入宦海，无奈韩侂胄执意不放他走，他只好答应留下一段时日。

韩侂胄视这位书生为心腹，与他几乎无话不谈。不久，书生就提出要走，韩侂胄见他去意甚坚，也只好答应了，并设宴为他饯行。两人一边喝酒，一边回忆在南海共事的情景，相谈甚欢。到了半夜，韩侂胄屏退左右，把座位移到这位书生的面前，问他："我现在掌握国政，谋求国家中兴，外面的舆论怎么说？"

这位书生立即皱起了眉头，端起一杯酒，一饮而尽，叹息着说："平章的家族，面临着覆亡的危险，还有什么好说的呢？"

韩侂胄知道他从不说假话，因而不由得心情沉重起来。他苦着脸问："真有这么严重吗？这是为什么呢？"

这位书生用疑惑的目光看了韩侂胄一眼，摇了摇头，似乎为韩侂胄至今毫无感觉感到奇怪，说："危险昭然若揭，平章为何视而不见？册立皇后，您没有出力，皇后肯定在怨恨您；册立皇太子，也不是出于您的努力，皇太子怎能不仇恨您；朱熹、彭龟年、赵汝愚等一批理学家被时人称作贤人君子，而您把他们撤职流放，士大夫们肯定对您不满；您积极主张北伐，倒没有不妥之处，但在战争中，我军伤亡颇重，三军将士的白骨遗留在各个战场上，全国到处都能听到阵亡将士亲人的哀哭声，军中将士难免要记恨您；北伐的准备使内地老百姓承受了沉重的军费负担，贫苦人家几乎无法生存，所以普天下的老百姓也会归罪于您。平章，您以一己之身怎能担当这么多的怨气仇恨呢？"

韩侂胄听了大惊失色，汗如雨下，一阵沉默后，又猛灌了几杯酒，才问："你我名为上下级，实际上我待你亲如手足，你能见死不救吗？你一定要教我一个自救的办法！"

这位书生再三推辞，韩侂胄仗着几分酒意，固执地追问不已。这位书生最后才说："有一个办法，但我恐怕说了也是白说。"书生诚恳地说："我亦衷心希望平章您这次能采纳我的建议！当今的皇上倒还洒脱，并不十分贪恋君位，如果您迅速为皇太子设立东宫建制，然后，以昔日尧、舜、禹禅让的故事，劝说皇上及早把大位传给皇太子，那么，皇太子就会由仇视您转变为感激您了。太子一旦即位，皇后就会被尊为皇太后，那时，即使她还怨恨您，也无力再报复您了。然后您趁着辅佐新君的机会，刷新国政。您要追封在流放中死去的贤人君子，抚恤他们的家属，并把活着的人召回朝中，加以重用，这样，您和士大夫们就重归于好了。你还要安定边疆，不要轻举妄动，并重重犒赏全军将士，厚恤死者，这样，您就能消除与军队间的隔阂。您还要削减政府开支，减轻赋税，尤其要罢除以军费为名加在百姓头上的各种苛捐杂税，使老百姓尝到起死回生的快乐，这样，老百姓就会称颂您。最后，你再选择一位当代的大儒，把平章的职位交给他，自己告老还家。您若能做到这些，或许就可以转危为安，变祸为福了。"

书生的话可谓句句在理，可韩侂胄一来贪恋权位，不肯让贤退位；二来他北伐中原，统一天下的雄心尚未消失，所以，他明知自己处境危险，仍不肯急流勇退。他只是把这个书生强行留在自己身边，以便为自己出谋划策，及时应变。这位书生见韩侂胄不可救药，岂肯受池鱼之殃，没过多久就离去了。

后来，韩侂胄发动"开禧北伐"，遭到惨败。南宋被迫向北方的金国求和，金国则把追究首谋北伐的"罪魁"作为议和的条件之一。开禧三年，在朝野中极为孤立的韩侂胄被南宋政府杀害，他的首级被装在匣子里，送给了金国。那位书生的话应验了。

有时成与败就是耐力的较量。

哪怕成功同失败只有一步之遥，可成功依然是成功，失败依然是失败。成败与否，或许就在于你是否有足够的耐心、意志忍受成功到来之前的煎熬。

日本松下电器公司总裁松下幸之助，年轻时家庭生活贫困，必须靠他辛苦工作来养家糊口。有一次，瘦弱矮小的松下到一家电器工厂去谋职。他走进这家工厂的人事部，向一位负责人说明了来意，请求给他安排一个哪怕是最低下的工作。这位负责人看到松下衣着肮脏，又瘦又小，觉得很不理想，但又不能直说，于是就找了一个理由：我们现在暂时不缺人，你一个月后再来看看吧。这本来是句托词，但没想到一个月后松下真的来了，那位负责人又推托说此刻有事，过几天再说吧。隔了几天松下又来了。

如此反复多次，这位负责人干脆说出了真正的理由："你这样脏兮兮的是进不了我们工厂的。"于是，松下幸之助回去借了一些钱，买了一件整齐的衣服，穿上又返回来。人事主管一看实在没有办法，便告诉松下："关于电器方面的知识你知道得太少了，我们不能要你。"两个月后，松下幸之助再次来到这家企业，说："我已经学了不少有关电器方面的知识，您看我哪方面还有差距，我一项项来弥补。"

这位人事主管盯着他看了半天才说："我干这行几十年了，头一次遇到像你这样来找工作的。我真佩服你的耐心和韧性。"最后松下幸之助的毅力打动了主管，他终于进了那家工厂。后来松下又以其超人的努力逐渐锻炼成为一个非凡的人物。

在成功者的眼里，失败不只是暂时的挫折，失败是一次机会，说明你还存在某种不足和欠缺。找到它，补上这个缺口，你就增长了一些经验、能力和智慧，也就会离成功越来越近。世界上真正的失败只有一种，那就是放弃。

在一家贸易公司工作的钱某最近觉得情绪坏到了极点：老板对自己越来越苛刻了，公司的制度太死板了，毫无人情味可言，同事太势利了……

于是，有一天他对好朋友许某发了一通牢骚后，说："我要离开这个公司，我恨这个公司！"许某建议道："我举双手赞成你对你们公司进行报复！这破公司一定要给它点颜色看看。不过你现在离开，还不是最好的时机。"

钱某问："为什么？"许某说："如果你现在走，公司的损失并不大。你应该趁着在公司的机会，拼命去为自己拉一些客户，成为公司独当一面的人物。然后带着这些客户突然离开公司，公司才会受到重大损失，非常被动。"

钱某觉得许某说得非常在理，于是努力工作，结交更多客户，目的逐渐达成了。经过半年多的努力工作后，他有了许多忠实客户。

再见面时，许某故意问钱某："现在是时机了，要跳槽快行动哦！"钱某淡然笑道："老总跟我长谈过，准备升我做总经理助理，我暂时没有离开的打算了。"

苦痛辛酸之时，要乐观地以积极的思维方式来解决问题，受到挫折而感到痛苦失望之时，埋下头来干些实事。用忍耐战胜失败，用坚持等待成功，你总会迎来一个绝佳的机会。

◆ 忍耐让梦想成真

越王勾践卧薪尝胆的故事，常被用来鼓励人们刻苦发愤，忍辱负重，战胜困难，积蓄力量以待胜利。在变幻莫测的社会竞争，尤其是政治斗争中，每个人的情形时刻都有改变的可能，或由辉煌转向暗淡，或由巅峰跌入深渊，如何在这强烈的反差中控制好自己的情绪，积累力量，东山再起呢？

一般说来，一个人（或一个民族、一个国家）由知耻、忍耻到雪耻，这个过程必然有一段时间距离。大多数受辱者，皆因当时的力量或者环境处于劣势，在与人或者命运抗争的过程中，或由于力量悬殊，寡不敌众，或由于天时地利不如对方，致使自己被对方打败（或受凌辱）而遭受屈辱，但又不能立即雪耻，只能将耻辱强忍吞下，铭刻心头，经过养精蓄锐，日渐强大，时机成熟，再雪旧耻，正所谓"君子报仇十年不晚"便是这个道理。

"知耻而后勇"，其实质是忍今日之耻，而求明日之伸，但若一味地忍耐就无意义可言了。那么，为何要忍呢？正所谓"十年河东，十年河西"，相信目前虽然处于劣势的环境中，但是终究会有峰回路转的一天，以此来不断地提醒和鼓励自己忍受眼前一时的痛苦，等候时来运转。其中，最关键的是等待，要相信时间的公平。《菜根谭》中曾说长久潜伏在林中的鸟，一旦展翅高飞，必然一飞冲天；迫不及待地绽开的花朵，必会早早凋谢。凡事焦躁无用，一旦身处横逆之中，只有善屈善忍，储备精力，一鸣惊人的机会才会来临。

能够忍耻，能够忍受痛苦而等待，都是不忘耻辱的结果。古人说："人不可以无耻，无耻之耻，无耻也。"也就是说，一个人不可以不知耻，不知道耻辱的耻辱，才是真正的耻辱。

人们对耻辱有两种截然不同的态度。有人知耻、忍耻、雪耻。知耻后，一时无法雪耻，只好暂时隐忍，一旦时机成熟，立即将耻辱洗雪干净，勾践就是其中的典型。但也有人受耻而不知耻，即所说的人恬不知耻，也就是说，这种人能厚着脸皮忍耻而无信心、决心或勇气雪耻，这则是可悲可叹的。

三国蜀后主刘禅就是这样一个十足的无耻之人。当时，魏国的镇西将军邓艾攻蜀，一路过关斩将，直取成都，蜀国君臣成了亡国奴。后主刘禅不但亲自乞降，又令蜀将姜维向魏将钟会投降。刘禅降魏后，魏主设宴招待他，有意安排演出蜀地原有的杂技，四周蜀国降者观后极为悲伤，而刘禅却兴致极高，谈笑风生。有一日，魏主问刘禅："先生是否愿归蜀地？"刘禅竟然答道："生活在这儿很快乐，不想回去了。"真是可悲至极！

"为国而耻者，知耻而后进；为己而乐者，亡国不知耻。"

有人说，在政治生涯中，应不问过程而求结果。同样，在忍与不忍的屈伸之间，伸是最终目的，屈为伸而服务。只伸不屈，会输得头破血流；只屈不伸，无作用无意义可言，只是窝窝囊囊地活着。

◆ 忍耐到最后一刻

熟悉历史的人，一定会记得"卧薪尝胆"的历史典故。历史上这样的例子还有很多。

魏晋南北朝一位叫羊祜的将军说过"人生逆境十之八九"。人人都会在人生道路上经历一段灰色的低谷时期，在这段时期里，人的意志很薄弱，本来鼓足了勇气面对困难，却一次又一次地被残酷的现实打击。

历史上，只要是成功的人，就似乎必须在政治的落魄、家庭的不幸、理想的破灭、爱情的悲剧、身体的伤残、世俗的妒忌、人情的冷漠等逆境中顽强地走过一段磨难的岁月。如文王拘而演《周易》，仲尼厄而作《春秋》，姜太公武略超群却垂钓渭水，屈原流放乃赋《离骚》，孙膑修书《兵法》，司马迁受"腐刑"作《史记》。因此，唯一的自救方法就是学会忍耐，在忍耐中等待机会。

如果把人比作一条鱼的话，那么社会就是一缸水。如果是一条热带鱼，那么就必须降低自己的体温而不是指望着水会升温。因此，在困难来临的时候，一定要记住这样一句话："我们是自己命运的主人，我们主宰着自己的心灵，我们有足够的能力去忍耐，而最终取得成功。"

英国劳埃德保险公司曾从拍卖市场买下一艘船。这艘船原属于荷兰福勒船舶公司，它于1894年下水，在大西洋上曾138次遭遇冰山、116次触礁、13次起火、27次被风暴扭断桅杆，然而它一直没有沉没。

劳埃德保险公司基于它不可思议的经历，把它从荷兰买回来，捐给了国家。

英国《泰晤士报》说，截至1987年，已有1220万人次参观过这艘船，仅参观者的留言就有170余本，留言形形色色，但总体的意思却是惊人的一致，那就是在生命中旅行，没有不受伤的心灵，只要坚持住，就不会沉没！

瑞典著名化学家诺贝尔，与父亲在拿破仑三世的资助下研究甘油炸药，曾发生过多次爆炸事故。在1867年9月3日发生的一次大爆炸中，工厂完全被炸毁，诺贝尔的弟弟和许多工人被炸死，他本人也被炸伤，造成轰动一时的"海伦波事件"，这引起一些人的强烈反对。面对困难诺贝尔并未认输，而是凭着顽强的意志、非凡的创造力先后发明了"诺贝尔安全炸药"和"无烟炸药"。

善于等待就是一定程度上的克己，即克制自己的冲动，服从自己的长远目标。很多人都明白忍耐的重要性，但要真正做到却不是那么容易的。比如，人们常常因为一点儿误会或伤害，便忍耐不住和别人争执起来甚至挥拳相向；常常因为一点儿小小的利益便坐立不安，情绪激动；常常因为一点儿小小的干扰或挫折便犹豫观望，止步不前；常常因为一点儿小小的诱惑，便把持不住自己，甚至迷失方向……由于不会忍耐，常常前功尽弃，因小失大，让亲者痛仇者快，以致后悔莫及，不是吗？如果忍耐一下，矛盾就不会激化；如果忍耐一下，事情就做成了；如果忍耐一下，就能走出困境，赢来希望……

因此，当你要做某件事时，一定不要为自己的行为寻找"合理"的依据而放纵自己。这包括三种情况：一是应该做的事而当你做起来感到枯燥、乏味、劳累时，你要战胜自己，要继续做下去，把它做好；二是不应该做的事而你的潜意识中产生一种冲动要你去做，这时你要战胜自己，坚决不做；三是内心情感世界发生动荡时，要战胜自己，锁心猿，拴意马，让理智战胜感情，确保自己继续向理想的目标前进。

"拼命去争取成功，但不要期望一定成功。"这是著名科学家法拉第的一句名言，也正是我们所说的"只管耕耘，少问收获"。

◆ 李密忍败的启示

有高伟的志向不一定能实现。在奋斗的过程中，不同的人会有不同的遭遇，所以要能够忍受失败的痛苦，遭受挫折以后的消沉，要总结经验和教训，努力奋斗，摆脱遭受挫折后的困顿。

唐人李密，家居京兆长安，父亲是隋朝上柱国、蒲山公李宽。李密生活在隋末大乱的历史年代，曾经投杨玄感，加入瓦岗寨义军，参加争鼎逐鹿的战争。618年，李密败在东部王世充的手中，因势力穷尽暂时归顺李唐。而后又起兵叛唐，失败后被杀。

李密是一位乱世的枭杰，也是几起几落，遇到了不少挫折和失意。

魏先生，史传失其名。他生于北周，除博涉儒家经籍外，对于乐章尤为精通，但其人生性淡泊，不喜仕宦，以琴瑟为友，以饮酒为乐。在隋末天下大乱的时期，他避世乡野，过着隐者的生活。

隋大业九年，隋朝礼部尚书杨玄感在黎阳举兵反隋，由于他很好地利用了时机，势力发展得很快。在短短的时间内，他集结了十多万兵力，并且围困了隋朝的东都洛阳。但是，杨玄感在此之后，却多次失去有利的战机，逐渐走入困境；后来，在阌乡被隋军击败。杨玄感战败身亡之后，党羽四散。李密作为他的谋士之一，是朝廷要捉拿的要犯，罪在不赦，无奈只得只身逃往雁门。

三十六计走为上，对一个失败者而言，也只能忍受一时的不得势，先保存自己。一次次遭受挫折和处于困境的李密，别无他法，只能先忍受住挫折、失败的考验。李密逃到雁门，为躲避朝廷的通缉，改名换姓，操起书本，当教书匠糊口；而魏先生也恰巧逃避战乱居于雁门。魏先生与李密有同乡之谊，两人相叙之后，经常相互往来，并不时探究些音乐方面的问题，各自摆出与世无争的超脱模样。但是，任何超然的议论总难免透露出议论者的情志和性格。李密是一个受过良好教育，又生性聪明过人的才子，在与魏先生的交谈中，不自觉地便流露出他的才能，流露出他失意之后的情绪。这一切自然都引起了精于乐道又善于察人的魏先生的关注。

一天，二人又相聚于茅屋之中，屋外依然是和风清徐，屋内的魏先生话锋已不似寻常。他以玩笑的口吻，对李密说道："我察君气色沮丧而目光不稳，心旌摇动而谈吐含混。请允许我对此妄做猜测：气色沮丧必然是因为事业破败，目光紊乱必是胸无主见，心旌摇动则是精神未定，至于谈吐含混、欲言又止，这必定是心中有事欲找人商量啊！"魏先生这番话揭出李密的心底隐事，李密如坐针毡，外露不安之色。魏先生见状，知道自己所断无误，遂单刀直入挑开李密的真面目说："今天朝廷上下都在搜捕杨玄感的党羽，君恐怕也是反抗杨隋暴政的人吧？"魏先生这一句话，如晴天霹雳，震得李密愕然良久，然而心中则深深地为魏先生犀利的目光所折服，遂起身，对魏先生说道："先生高明能识我，先生睿智又何不能救我呢？"

李密向魏先生征询立身乱世的良策。魏先生见眼前的李密态度诚恳，便以诚相待，道："君既没有帝王的风姿，也不是做将帅的人才，恕我直言，只是乱世的雄杰啊！"然后，他博稽古今，侃侃而谈。

最后，魏先生以睿智的目光，审视了当时群雄争起的形势，认定李密要想富贵，唯一可以选择的是投奔拥兵晋阳的李渊。

在受到挫折和困厄时，暂时隐忍，修身养性，冷静地分析一下自己失败的原因，听一听他人的意见，也是忍受挫折的一种方法。

◆ 隐忍的曾国藩

忍无处不在，无时不有。日常琐事需忍，从政做官更需忍。

清曾国藩刚办团练时，由各处调来省城的绿营兵有数千人。按照往例，一省的军事最高长官是提督，训练绿营兵本是提督的职责。湖南提督鲍起豹无能，这几千绿营兵于是一并归曾国藩所提拔的中军参将塔齐布统一训练。湘勇与绿营，共同操练。

曾国藩对于训练，要求颇为严格，风雨烈日，操练不休。这对于来自田间的乡民而言，并不以为太苦，但对于平日只知喝酒、赌钱、抽鸦片的绿营兵而言，便无异是一种"酷刑"。先是副将清德拒不到操，根本没有把曾国藩和塔齐布放在眼里。接着提督鲍起豹也和清德联合起来，与塔齐布为难寻衅。他们公然对士兵宣布说："大热天还要出操，这不是存心跟将士们过不去吗？"

于是绿营兵大恨曾、塔等人。

当时长沙城内，同时驻扎着两支部队：绿营兵和湘勇。绿营因战斗力差，颇受勇丁轻视，而勇丁的月饷，高出绿营兵二三倍之多，绿营兵也又气又恨。因此兵与勇经常发生摩擦。鲍起豹等人又从中挑拨，双方愈来愈水火不容，渐至常常发生械斗。

曾国藩起初本着"息事宁人"的态度，只将参与械斗的勇丁加以棍责，严行约束，对绿营兵没怎么处罚。谁知这一来，正合了曾国藩的两句话："君子愈让，小人愈妄。"绿营兵以为曾国藩胆小怕事，气焰更盛，益发耀武扬威，公然凌辱勇丁了。曾国藩不得已而咨请鲍起豹按军法整饬，鲍置之不理。绿营兵于是胆子更大了。

1853年9月8日，绿营兵居然整理队伍，带着兵器，鸣号击鼓，包围了参将府，要杀塔齐布。塔齐布吓得躲在菜园旁边的草丛里，这才没有被找到，而逃过一劫。绿营兵找不到塔齐布，放了一把大火把参将府烧了，又一窝蜂拥到团练大臣曾国藩的官邸，照样团团围住，扬言要杀曾国藩。幸而曾国藩的临时行馆设在紧靠巡抚衙门的射圃中。曾国藩见事情紧急，于是亲自去叩巡抚骆秉章的偏门，骆出来喝止，绿营兵才悻悻散去。然而曾国藩所统率的湘勇，日子却更难过了，进出城门的盘查斥骂，街头的公然侮辱，甚至拳打脚踢，都是常有的事。有人劝曾国藩据实参奏鲍起豹等人，而曾国藩刚于不久前参革了副将清德，这时不便再动弹章，只能推托说："做臣子的，不能为国家平乱，反以琐屑小事，使君父烦心，实在惭愧得很。"即日将所部湘勇分别遣驻外县，将自己的指挥部也移驻于衡州。其实这也是曾国藩一贯所奉行的息事宁人、委曲求全的处世之道的体现。

曾国藩在与太平军斗争的过程中，他的最大困难，不是敌手的强大，而是清政府本身在政治、军事与财政各方面，存在着太多的矛盾和弱点，不能形成强大的力量与太平军作战。其次就是湘军本身缺少战斗经验，难当大敌。因此在以后的六七年中，曾国藩虽然为自己建立了一点儿声望，而来自各方面的挫折和打击，也不是常人所能忍受的。在这种境遇下他能够立足，主要就是他奉行了"息事宁人，委曲为官"的处世哲学。

这时又发生万载知县李某和举人彭寿颐因办理团练不和，互相纠控一案。经曾国藩查实，有受人贿赂、弃城逃走等罪。而彭寿颐为人刚直，办理团练，也颇具才华。可是巡抚陈启迈却有意加罪彭寿颐。曾国藩也只得忍让不想其与陈发生正面冲突，于是当面商陈，咨调彭寿颐到自己的军营效力，用意不过想借此平息李、彭的控案，息事宁人，化纷争于无形。

没想到陈启迈却认为曾国藩干涉了他的统辖权力，勃然大怒。不仅拒绝将彭寿颐调用曾营，反命按察使恽光宸将彭逮捕下狱，用刑逼供，坐以诬告的罪名。这分明是要给曾国藩难堪了。曾国藩至此忍无可忍，也发了火，立即具折参了陈启迈一本。罗列陈氏诸项劣迹，请旨惩处。这时江西、湖南、湖北三省地盘，清廷全仗曾国藩支撑，得奏不敢迟疑，立将陈启迈、恽光宸先行革职；所参各案，令新任巡抚文俊查奏。

1858年6月，曾国藩被命再次出征，干江西领导湘军作战。湘军在江西，虽有守土却敌的军功，可是与各地乡团不相和睦，常常被团丁伏击截杀，竟至数十数百地被消灭。又逢疫病流行，营中军士纷纷病倒。因此曾国藩再至江西以后，深感诸多问题棘手。9月间，安徽传来败讯，李续宾、曾国华于三河镇被陈玉成击败，全军覆没，湘军官兵阵亡6000余人。这支军队是湘军的精锐劲旅，被歼以后，全军为之震动。景德镇一带的湘军，也连连失利。幸赖曾国藩与胡林翼等竭力挽救，大局才得以初定。

而这时的曾国藩，忽而奉命援浙，继又改令赴闽，不久又命筹援安徽。等到石达开有由湘入蜀的攻势，朝旨又令他前赴四川夔州扼守，同时命其分兵协防湖南、安徽，并留兵防守江西。朝令夕改，杂乱无章，使得曾国藩无所适从。他自知因无固定地盘，只好由人摆布，委曲求全，精神上极度苦恼。可见息事宁人的处世哲学也要付出精神痛苦的代价。

1861年8月，曾国荃攻下安庆，长江千里，已全归湘军掌握。曾国藩分兵三路，直指江浙地区，准备给日渐衰微的太平军最后致命一击。可是曾国藩所遭遇的困难，仍是纷至沓来。先是最能与他合作无间的湖北巡抚胡林翼积劳病死，顿使曾国藩失去一个最有力的伙伴，未免平添后顾之忧。曾国藩为之彻夜不眠。而三路东向的大军，只有曾国荃一军，因为是亲弟弟，始终听命于他。其余李鸿章与左宗棠两路，都时时表现不合作的态度，使曾国藩伤透脑筋。但按曾国藩的为官之道，还是按捺性情，息事宁人，没有激化矛盾。

曾国荃围攻金陵的军队，虽未发生不听指挥的问题，然而屯兵城下日久，师老兵疲，军饷不继，军心士气日渐涣散，也使曾国藩忧心忡忡，日夜焦灼。同治二三年间，金陵城外的湘军，因为粮饷缺乏，每天喝稀饭度日，几个月不发饷，更是常事。曾国荃对那些家乡子弟兵，渐感难以约束。他们中甚至发生把营官捆绑起来，勒发欠饷的暴行。至于抢掠平民、奸淫妇女的事，也层出不穷。曾国荃拿不出粮饷来解决问题，自感无颜以对部属，只好置之不问。消息传到安庆，曾国藩一面担心弟弟的病体不能支持，军纪败坏的湘军随时有叛变崩溃的可能；一面还要承受来自清廷的猜疑、言官的谤劾、僚属的离心等打击。当时湘军缺饷，不仅限于金陵的曾国荃军，其余各部也很严重。大营所设山内粮台，竟遭驻守附近的两营湘军的自行抢劫一空。曾国藩身体素来孱弱，至此郁气中结，旧疾新病，一齐并发，饭后呕吐、牙痛、头脑眩晕、手脚抽筋，痛不可忍，至于不能工作，被逼得只好奏请给假调养。

所以曾国藩曾说："困心恒虑，正是磨炼英雄，玉汝于成。李申夫尝谓余叹气从不说出，一味忍耐，徐图自强。"这句话体现了曾国藩在矛盾丛集、内忧外患的十分艰难的境况下的一种息事宁人、委曲求全的处世观，而对于当时为官的他，可以说是无奈中的唯一之策。

◆ 忍一时之辱，积力成功

忍是为了厚积而薄发，这样才能出敌不意，才能一举制胜。

　　司马懿出身于高级士族之家，兄弟八人，排行老二。其兄司马朗，早年被曹操辟为司空掾属。曹操身边主管人事的崔琰，在与司马朗交往中，发现司马懿不凡，便向曹操推荐。曹操求才心切，下令辟用。这是建安六年（201）的事。此时22岁的司马懿看不起官宦出身的曹操，便以有病为托词，拒绝了。曹操哪是这样好糊弄的人！于是曹操用突然袭击的形式去探察，没有发现破绽，司马懿过了这一关。假的就是假的，伪装总不能长久。后来曹操当了丞相，才知道上了司马懿的当，又一次派人去召唤。这回，曹操说："如果他再不痛快地出来，就抓起来杀头"。司马懿害怕了，这才进了曹营。

　　司马懿因为骗曹操在先，虽然当了曹家的官，但曹操对他并不放心，在日常工作中，格外注意他。经过观察，曹操发现司马懿确有才干，但同时感到他"内忌而外宽，猜忌多权变"，又听到人们议论司马懿有"狼狈之相"（像狼一样，行走时常回头后顾，以防袭击），对他更有疑虑。于是，曹操就亲自将司马懿叫到跟前，令他往前走，再突然让他回头，验证其是否真的狼顾。司马懿来了个"面正向后而身不动"。日有所思，夜有所梦。身边有只"狼"，搅得曹操很不安，有时做梦也梦见司马懿是如何如何。他提醒儿子曹丕要对司马懿严加提防。对曹操的怀疑，司马懿是相当清楚的，他自知不干不行，跑又跑不了，要保住性命，只有在曹操的儿子身上打主意。他不但积极干好分内事，连打草喂马这样的分外工作，也不辞劳苦地拼命干，直哄得曹丕一个劲地称赞。想必是儿子在老子跟前打包票，曹操才逐步打消了对司马懿的疑虑，司马懿又过了一关。

　　曹操死后，曹丕掌魏国大权，司马懿备受青睐，扶摇直上，再也用不着提心吊胆过日子，篡魏自立的心思日益显露，可是曹丕依旧被蒙在鼓里，至死又给他一顶顾命桂冠。到曹丕的儿子曹睿执政时，司马懿已将军政大权一步步地抓了过来。不过，曹睿倒不像他的父亲那样糊涂，察觉到了司马懿的心迹，临死时，想用一些手段削弱司马懿的权力，但为时已晚，架不住近臣刘放、孙资一逼再逼，将顾命权交给了他一部分。司马懿再过一关。

与司马懿一同辅政的宗室曹爽，哪是顾命大臣司马懿的对手！他越大肆任用亲信，极力抓权，越弄得怨声满朝，结果给了司马懿以可乘之机。司马懿为了加快篡魏步伐，又使出了几十年前的老把戏，装病回了家，这就引出了曹爽派李胜亲到司马之家考察的故事。李胜原任河南尹，是曹爽的心腹，借着即将去荆州任要职的机会，以看望为借口，来到了司马懿的床前。司马懿挣扎着起来穿衣，双手抖抖索索，竟把衣服丢落在地；司马懿说口渴，婢侍端来一碗粥，司马懿趴在碗上喝，弄得粥满胸襟。李胜见状说："只听说你犯了老病，怎么病得这么厉害？"司马懿气喘吁吁、悲悲切切地回答："年老枕疾，死在旦夕了，感谢你今天来看我；你到并州后，咱们就见不着面了，我的儿子全托付给你了。"李胜说："我这次应当回荆州，不是回并州。"司马懿又打岔说："噢，你是从荆州来呀，你看我耳朵聋了，连话也听不清了，莫怪我呀。"又是装瘫，又是作聋，神形分离，颠三倒四，语无伦次。李胜一看，真是病入膏肓，没几天活头了，喜滋滋地将自己的考察结论如实报告了曹爽。曹爽完全解除了对司马懿的戒备，在宫中玩女人，外出去打猎。司马懿抓住时机，一跃而起，一举将曹爽等人击败，实现了伐魏夙愿。

说司马懿老奸巨猾也好，说他老谋深算也罢，反正你不能不承认他很有一套控制情绪的本领。正因为如此，使他在一些重大的关键时刻，保持了清醒的头脑，取得了胜利。范文澜先生称他是"曹操死后魏国唯一的谋略家"，一点儿不假。

　　司马懿是被曹操逼着走上仕途的。但是，在曹操活着时，他在魏国的地位并不重要，曹丕当了皇帝，司马懿才扶摇直上。到曹操的孙子曹睿执政时，司马懿已有了炙手可热的权力。也正是这个缘故，使他有了与诸葛亮正面交锋的机会。初遇劲敌诸葛亮，司马懿曾犯了"瞎指挥"的错误，白白送掉了名将的性命。血的教训，使他认识到，与诸葛亮作战，只有以逸待劳、以守为攻才是上策。公元234年，诸葛亮最后一次出祁山，求战心情十分迫切，可是无论怎样挑战，司马懿硬是岿然不动。这可急坏了诸葛亮，他想来想去，便想出了一个"致巾帼妇人之饰，以怒宣王"的办法，企图以送妇女衣服首饰，嘲笑司马懿不配做大丈夫，激司马懿发怒出战。这一手确实厉害，司马懿冉也坐不住了，但他刚要发怒出战，很快又平静了下来。

　　诸葛亮实指望激侮术成功，没想到司马懿不上圈套。诸葛亮求战不能，退军不忍，加上大事小事全靠自己处理，早就累得心烦意乱，体力不支，听了使者回来如实一汇报，更是心慌气急。没有打着狐狸反弄了一身臊。从此，诸葛亮的身体一天不如一天，果不出司马懿所料，很快就病逝了。诸葛亮去世后，三国无人再斗得过司马懿，不几年，司马懿和他的儿子们便成功地发动了军事政变，夺取了整个魏国的大权，为统一全国建立晋朝打下了基础。

　　司马懿激而不怒，表现了良好的将帅心理素质。作为一个将领特别是高级将领，几乎每天拍板决策，不如意事十有八九，如果没有一种良好的心理素质，不能保持健康的情绪，让喜怒忧哀左右了决断，是注定要失败的。"彼将刚忿，则辱之令怒，志气挠惑，则不谋而轻进"，意思是说，敌方将帅性格暴躁，就故意挑逗激怒他，扰乱他的情绪，使其丧失理智而盲目行事。显然，诸葛亮给司马懿送信，送巾帼之饰，就是想把他的情绪激怒扰乱，而引他轻进就范。司马懿意识到受到刺激要发怒时，以坐下来与使者闲谈的方式慢慢地将一腔怒火转移融消，这颇有些"卒然临之而不惊，无故加之而不怒"的英雄本色。

诸葛亮不是神，司马懿更不是神。虽说二人都以善于谋略著称，但全面衡量二人短长，司马懿就显得逊色多了。司马懿拖垮了诸葛亮是其胜利，但诸葛亮死了司马懿不能及时出战，让蜀军大模大样地退走才去追，又是其败。然而就是这个败者，也闪烁着这位老军人敬重贤才的光辉。

诸葛亮病逝多久司马懿才发觉，史书未做说明，但从精锐的魏军已无法追歼到在撤退中内讧的蜀军来判断，时间是不短的。错过了良机，不仅全军上下有埋怨情绪，连老百姓也奚落开了司马懿。《汉晋春秋》中说："杨仪等整军而去，百姓奔告宣王，宣王追……百姓为之谚曰死诸葛吓走生仲达。"这样的嘲笑，实在是有伤司马懿的面子。照常理推断，司马懿不是生闷气，就是要迁怒他人，抓几个老百姓吓唬一下。可司马懿呢？既不跟自己过不去，又不跟别人为难，他坦然地说："吾能料生，不能料死也。"这就等于对部下申明：诸葛亮活着时我很怕他，但我不能判断其死呀！作为一个高级将领，在知道自己决策失误后，能这样坦率地承认自己的过错，实在是难能可贵。

更值得一提的是，司马懿不仅公开承认自己的过失，而且由衷地赞叹故去的劲敌。他来到诸葛亮生前安营扎寨、指挥作战的地方，看了人家的营垒布局，对比自己的阵地，深深地为诸葛亮的军事才干所折服，连声夸奖这位"死对头"说："天下奇才也。"陈寿将司马懿赞颂诸葛亮的话，写在了《诸葛亮传》上，目的是为诸葛亮增光添辉，殊不料，这光辉反照得司马懿也更高大了。

抛开司马懿玩弄手段不讲，只就曹氏三代对司马懿的考察失真来看，教训是深刻的。司马懿之所以瞒过了曹操，是因利用了曹操的儿子；瞒过了曹爽，是因曹爽选用的考察人素质不高；虽没有瞒过曹睿，但曹睿又发觉得太晚，已无力采取措施。

　　从司马懿被曹操所逼走上仕途，到他去世，在魏国从事政治活动整整半个世纪又一年。内防曹操，如履薄冰；三次顾命，操纵朝纲；外拒蜀吴，连年征战，马不下鞍，战果累累。可谓机关算尽，终成大业。

　　在现实中，必须随着时代的进步，追求新的知识，创造新的环境，才能自求生存。在生活中，不能因物质的文明，为物欲所刺激，恣情狂妄，重利忘义，否则会丧失自己的良知，损害人类利益。为人者，事事后退一步，处处让人一步，忍一时风平浪静方可领会人生的真谛。

第六章　做人要低调

◆ 为人低调好处多

准备了一个月的计划书终于可以呈报老板了，在会议上各部门主管都一致赞许你的真知灼见，老板更是赞赏有加。这时的你必然是春风得意，难掩喜悦之色，大有世界都属于你的感觉，但在你得意忘形之际，也许正是你自埋炸弹之时。

有些人是自私的，你呼风唤雨，一定惹来这些人的妒忌。表面上，他们或许阿谀奉承，甚至扮作你的知己和倾慕者，私底下说不定却恨你入骨。为了避免遭人放暗箭，请收敛你的得意之态，谦虚一点儿吧。

也许有人会锦上添花地对你说："看来，老板就只信任你一个！""唔，经理这个位置非你莫属了！""嘿！他日成了一人之下万人之上，千万别忘记我啊！""你的聪明才智，公司里没人可及哩！"

切莫被美丽的谎言冲昏头脑，聪明的人必须是理智的，告诉他们："不要乱开玩笑啊，公司有太多人才呢。""我的意见只是一时灵感，没啥特别呀！""我还有更多的东西要学。"真正的强人，应明白"居安思危"的道理！

老板对你的计划书大为赞赏，公开表示你的才干值得重视。还有，刚好成功地完成了一项任务，使公司赚了钱，各部门主管对你另眼相看，有点飘飘然了吧？

这实在太危险了！

记着，叫别人妒忌你，这是十分失败的事，何况无端树敌，不是强人的典范。但是，如何才能避过这些办公室的敌意呢？

首先，切记别乐昏了头脑，要处处表现得虚心、容易满足。总之，就是采取低调姿态。即使当你像坐直升机一样，势力一天比一天大时，请仍然保持与旧同事的关系，抽时间与他们在一起。谈话时更不能自己翻那些成功史，即使别人阿谀奉承一番，也当作耳边风好了，或者索性说："那绝非我的功劳，老板对我也是太好了。"

其次，处处表现虚心，不要颐指气使。因为同事一旦对你有了偏见（由妒忌演变而来），他日做起事来，屏障肯定更多，对你当然不是好事了。

为了达到某些目的，不少人勤于制造"高帽"，往"目标物"头上送。你的职权越大，成为"目标物"乃是自然事。私下里，你开心之余，又觉得很不自然，但不知该如何处理，这时候你应该保持低调的姿态。保持低调的姿态，首先可以让你保持清醒的头脑，这样才能对事情做出正确的判断，不至于被得意冲昏了头脑；其次，低调的姿态是获取他人好感的必要表现，大多数人欣赏的是低调的人，而不是沾沾自喜的人；再次，低调为人可以避免小人的妒忌之心，避免不必要的闲言碎语，以免给自己带来不必要的内心烦恼；最后，低调为人，方能给自己立下更大的奋斗目标，才能保持拼搏的劲头。

◆ 看清自己，自知者明

"清浊必晃源，克风不并翔。"晋人傅玄这句诗，道出了择友的重要性，就像水之所以有清浊之分是因为源头不同，就像野鸭和风之所以不愿结伴飞翔是由于志趣各异一样。"道不同，不相为谋。"（《论语·卫灵公》）人与人的主张追求不同，是不会在一起合作的，更不会成为朋友。

东汉末年，华歆和管宁原是两个好朋友。但不久之后，两人便"割席而坐"了。起因是两件小事。有一天，两人在一起锄地。忽然，管宁挖出了一块金子，他却视而不见。而华歆看见后，就急忙拾了起来，据为己有。管宁表面上仍装作什么也未看见，心里对华歆的贪婪已极为不满。过了些时日，两人在一起席地而坐着读书。管宁全神贯注地读着，两耳不闻窗外事，而华歆心不在焉，似乎在寻找和期待着什么。刚好此时，有一官吏乘着华丽的马车从门前经过，管宁不为所动，仍在读书，华歆却随手扔下书本，前去观看，一副十分羡慕的样子。

通过以上两件小事，管宁看出华歆与自己的品格完全不同，于是，便割席而坐，毅然与之断交了。

管宁看重的是朋友的品格。

人生得一知己足矣，知己就是志同道合者。只有共同的事业，把彼此联结在一起，才会长久，才会牢靠。否则，即使成为朋友，也难以保持。因此，交朋友一定要交心。"朋而不心，面朋也；友而不心，面友也。"（杨雄《法言·学行》）貌合神离的朋友是不宜交的。

"友也者，友其德也。"（孟子《万章下·交朋友》）从某种意义上来说，就是交品德。"益者之友，损者之友，友直，友谅，友多闻，益矣。友便辟，友善柔，友便佞，损矣。"（孔子《论语》）朋友的品质如何，对一个人的影响是极其巨大的。结交一个好朋友，会终身受益；结交一个坏朋友不仅贻害无穷，而且很有可能造成无法弥补的损失。因此，一定要结交品德高尚的朋友，于己于社会都是有利无害的。正如大诗人歌德所说的那样："真诚、活跃而富有成果的友谊表现在生活的步调一致，表现在我的朋友赞成我的目标，而我也赞成他的目标，因此，不论我们的思想和生活方式有多大差异，都要始终不渝地共同前进。"

同时，结交朋友一定要结交比自己强的，自己才能有所进步和提高。清朝人申涵光在《荆国进语》中说："凡弈，与胜己者对，则日进；与不如己者对，则日退。取友之道，亦然。"

交朋友和下棋一样，能与比自己棋艺高超的人对阵，一定会不断提高自己。

从某种意义上来说，朋友结交，其实是一个不断互相选择的过程。品格高尚的人，即使一时被误会、被埋没，最终还是会赢得朋友的信赖，因为唯有高尚的品格是无价和永放光彩的。而品格低下的人，可能会一时被朋友信任，视为知己，但其劣迹一旦暴露，就会被朋友唾弃。过去，有一师傅，每招新徒弟，必先让其扫地，然后，再查问。如果他问："扫干净了吗？"新徒弟答："扫干净了。"再问："真的扫干净了吗？"再答："真的扫干净了。"那这个新徒弟他肯定不收了。如果回答刚好相反，那这个新徒弟必然会被留下。为什么呢？原来，扫地是这位师傅所出的考题。他事先在墙角已放了些硬币和树叶，目的在于一考新徒弟是否能吃苦耐劳，二考新徒弟是否经心、仔细，三考新徒弟是否贪图钱物。如果三关都过了，那他才肯收这个徒弟。这位师傅的考法很值得借鉴。想交知心朋友的朋友，不妨也如此这般考考自己的朋友。

在纷繁的大千世界，人是形形色色的，选择朋友不是一件容易事。"万两黄金容易得，知心一个也难求"，但是不要因此就少交朋友，或者一强调交友需审慎就认为这个也不可靠那个也信不过。人既然是社会的人，处在各种社会关系之中，交友是必然的，不但要有生死与共、患难不移的朋友，也要善于和有这样那样缺点错误甚至是反对自己的人交朋友。

他山之石，可以攻玉。广泛地结交那些不同职业、不同爱好、不同身份的朋友，有时也能相得益彰。

唐代画家吴道子出身贫寒，后来为唐明皇召入宫中做供奉，与将军裴旻、长史张旭结交为友。在洛阳，裴旻请吴道子到天宫寺作画，厚赠以金帛，被吴道子谢绝，只求观赏裴旻的剑术。于是裴旻拔剑起舞，吴道子"观其壮气"奋力挥毫，写出了绝妙的草书。

既要广泛交友，又要审慎选择。如何做到这一点呢？正如鲁迅先生曾经说过的："我还有不少几十年的老朋友，要点就在彼此略小节而取其大。"略小节，取其大，就是不斤斤计较不足，而要从大处着眼。看人首先看大节，不是盯住对方的缺点错误不放，而是用发展的、变化的观点看人。如果不是略其小、取其大，就不能与人为善，就不能全面客观地评价一个人，就可能一叶障目不识泰山，就可能把朋友推开，就可能得不到真正的友谊。

古语云："君子之交淡如水，小人之交甘若醴。"这仍应成为我们今天的交友之道，同志之间的交往也要摒弃庸俗的旧习，不要把友谊浸在利己主义这杯水中。应让友谊的春风扫荡那些阴霾污浊之气，吹进每个人的心扉。

◆ 踏实低调地处世才能有所作为

低调做人意味着你放弃了许多架子，放弃了许多充大、装相、张扬和卖弄的虚荣表现，放弃了许多假正经、假道学、假圣人的虚伪面孔。同事、部下、朋友都够得到你了，都可以与你平起平坐了，这就使你能与大家有更多的机会相互沟通、相互融和。

有这样一个故事。小张从市场营销专业毕业后，成功进入一家企业就职。由于他经常高谈新观念、新理论，这一家企业的老总看好了他这个特点，希望他能给公司注入新活力、带来新思想。

刚到单位，小张就开始了他的"传道授业"。试用期间，凡他参加的会议、策划等活动，都少不了他头头是道、滔滔不绝的演讲。最初，同事们真觉得他知道得很多。几次接触后就发现，他的本事似乎就在嘴上。在公司讨论产品营销运作方案时，他没有更好的办法打开局面。

三个月的试用期结束时，人事部对小张进行考核。这几个月内，他连一份完整的营销方案、计划书都没有拿出来过，更谈不上有什么切实可行的意见和建议了。结果，小张成绩不合格，企业与他解除了合同。而小顾与小张的夸夸其谈相反，他性格内向，很少说话。在试用期时，每天早早去上班，晚上又经常自觉加班，全身心地投入工作。主管说什么，他从来都是立即执行，不多说一句话。有了好主意也从不张扬，取得成绩也不炫耀，同事们有什么事情要他帮忙，他从不拒绝。三个月后，小顾顺利度过了试用期，与企业签订了正式的聘用合同。而企业看重的就是他低姿态踏实工作的态度。

小张在工作中犯了做人"太浮躁"的毛病。企业招聘人才，为的是有人来出谋划策和解决问题，脚踏实地干出成绩才是最重要的。在工作中要保持低姿态，要谦虚谨慎，无论是上级、平级还是下级，都要虚心地向他们学习、请教，切忌自以为是、夸夸其谈。

哥伦比亚大学新闻系有一男一女两名毕业生到《纽约时报》社应聘记者。男生为人朴实、勤奋、踏实肯干，虽然做不到妙笔生花，但他坚信勤能补拙，自此不论大小新闻，路途远近，都跟着正式记者们风里来雨里去，忙前忙后从无怨言，渐渐地也写出了几篇不错的作品。他平时在报社里，打水扫地，接电话，分报纸，样样活儿都抢着干，所以口碑极好，颇得人心。而那位女学生则完全相反，她是一个亿万富翁的独生女，从小才华昭著，在各类比赛中获奖无数，因此到了这家报社后目空一切，每日仰着脸走路，采访体育新闻嫌闹，采访娱乐信息嫌俗，家常琐事又懒得理，所以也难有什么题材对她的胃口，办公室里的活儿就更不用说了。

三个月的试用期转眼就过去了，结果不言自明。那位女生临走时始终也弄不明白，堂堂《纽约时报》社放着她这如花似玉的高才生不要，怎么留下了那个土包子？

一张大学文凭代表不了什么。无论是什么岗位，都有许多值得你学习的新东西，唯有放下架子，谦逊恭谨，学到真本领，丰富自己，日后方能有所作为。我们必须时刻铭记，你并不比别人"高级"什么，千万不可自恃才高而目空一切，因为在我们身边的每一个人身上，都有许多值得学习的东西。因此一定要放下架子，虚怀若谷，多向别人请教，在心态上做好一切从零开始的准备。

为了维持好人际关系，丢掉一些自尊与矜持有时也是十分必要的。尤其面对客户时应放下架子维持低姿态，要争取业绩就要先抛开面子。要采取低姿态，做个谦虚、满怀感激之心的人。日本人赚钱有个三字诀，即"低、感、欣"。"低"即低姿态，见了顾客后要保持低姿态，主动降低自己的高度，鞠躬行礼。"感"即感谢，顾客是给你送钱来的，是看得起你，你要对他表示万分感激；"欣"即微笑，对顾客要面带笑容，给顾客一种美好的心情。

低调做人，就是把自己放在了人人平等的氛围中。人是感情动物，他们希望看到你身上的平民气质，而不是金钱和地位，如果你具备和保持这种气质，那么他们的心里就很愿意容纳你和接受你。

◆ 藏锋露拙，待时而动

一般说来，人性都是喜直厚而恶机巧的，而胸怀大志的人，要达到自己的目的，没有机巧权变又绝对不行，尤其是所处环境并不尽如人意时，就更要既弄机巧权变，又不能为人所厌恶，所以就有了藏锋露拙、待时而动做人的方法。

有个成语叫"锋芒毕露"，锋芒本来是指刀剑的尖端，人们时常用它来比喻一个人出众的才干。古人认为，一个人如果无锋无芒，那就是扶不起的阿斗，也不会取得成功。所以有锋芒是对一个人才干的肯定，是事业成功的基础，在适当的场合显露一下既有必要，也是应该的。然而，锋芒是可以刺伤别人的，当然也会刺伤自己，运用起来还是得多加小心。"中庸"思想要求为人处世无过无不及，要懂得"物极必反"的道理，如果过分显露自己的才华，就很容易导致失败。

《庄子》里面有这样一则寓言：吴王乘船渡过长江，登上一座山。猴子们看见国王率领大队人马上山来了，都惊叫着逃进树林里，躲藏在树丛茂密的地方。而有一只猴子却十分从容自得，抓耳挠脑，在吴王面前蹿上跳下，故意卖弄技巧。吴王很讨厌这只猴子的轻浮，便张弓搭箭，向它射去。这只猴子存心要显露本事，因此当吴王的箭射来时，它就敏捷地跃起身，一把抓住了飞箭。吴王这下是真火了，转过身示意随从们一齐放箭，这时箭如雨下，不可躲闪，那只猴子被射死了。

这里所说的要"藏锋露拙"，并非是要人埋没自己的才能，而是为了保护自己，不招来祸端，从而更好地发挥自己的才能和专长。在社会交往中，要使别人知道你，当然先要引起别人的注意；而想引起别人的注意，单单从言语行动方面努力的话，就不免在言语或行动中暴露锋芒。你只要稍微注意一下，就会发现我们周围一些有人缘的人，往往看起来都是毫无棱角的，无论是他的言谈还是举止，个个都是深藏不露，好像他都是庸才。其实他们之中，有的才能要远远高过你。只是他们看起来个个都很"讷言"，其实其中颇有能言善辩者；他们好像胸无大志，其实不乏雄才大略、不愿久居人下者。他们都不肯在言语行为上表现出来，这是什么道理呢？

因为他们有所顾忌，言语露出锋芒便会得罪别人，得罪别人就会成为自己的阻力，成为自己的破坏者；行动露出锋芒便会惹人妒忌，别人妒忌就成为自己的阻力，也必定成为自己成功的破坏者。如果你的四周，都是阻力，都是破坏者，试想你还能做成什么事呢？

战国末期韩非与吴起、商鞅的政治思想一致，著书立说，主张社会变革。韩非的著作流传到秦国，被秦王嬴政看到，极为赞赏，就设法邀请韩非到秦国。但才高招忌，到了秦国以后，他还没有得到秦王的重用，就被李斯等人诬陷，屈死在狱中。宏图未展身先死，纵使满腹经纶又有何用呢？如果当时韩非不是招摇显露才华，而是谦卑抱朴，等待时机，或者婉转上奏，或者另投明主，使自己的政治抱负得以施展，相信他不仅仅就是一个思想家，同时又会成为一代名臣，而不是一个悲剧人物了。

还有一个这样的故事：某人年轻的时候，在学校读书，可谓是天不怕地不怕，以为别人都不及他。刚刚踏入社会还是那样锋芒毕露，结果得罪了许多人。但是幸好，总算觉悟得快，一经别人的提醒，便连忙负荆请罪，倒也消除了不少嫌怨，但是无心之过还是难免的，终究在事业上遭到了别人的排挤和打击。

《易经》说："君子藏器于身，待时而动。"这里的"器"即是一个人拥有的各种才能。当然，一个人没有才能是不足为道的，但是有才能一定要在特定的时候表现出来，这样才不会伤人伤己。千万别学那只爱出风头、招摇卖弄的猴子，若不然，就有可能成为众矢之的。

◆ 夹起"尾巴"做人的好处

如果一个人的名气大了，不沽名则其名愈溢。一个人的功劳大了，不矜功其功愈显。俗话说"夹着尾巴好做人"，对普通人如是，对那些功成名就的人来说也莫不如是。

中国历史上明王朝的建立，大将军徐达功不可没。"指挥皆上将，谈笑半儒生"的徐达，儿时曾与朱元璋一起放过牛。在其戎马一生中，他有勇有谋，用兵持重，为明朝的创建立下赫赫战功，是中国历史上著名的谋将帅才，也深得朱元璋的宠爱。但是，就是这样一位战功赫赫的人，却从不居功自傲。徐达每年春天挂帅出征，暮冬之际还朝，回来后立即将帅印交还，回到家里过着极为俭朴的生活。按理说，这样一位儿时与朱元璋一起放过牛的至交，且战功赫赫，甚至朱元璋还将自己的次女许配给他，完全可以"享清福"了。朱元璋也在私下对他说："徐达兄建立了盖世奇功，从未好好休息过，我就把过去的旧宅邸赐给你，让你好好享几年清福吧。"朱元璋的旧邸是其登基前当吴王时居住的府邸，可徐达就是不肯接受。万分无奈的朱元璋请徐达到旧邸饮酒，将其灌醉，然后蒙上被子，亲自将其抬到床上睡下。徐达半夜酒醒，问周围的人自己住的是什么地方，内侍说："这是旧内。"徐达大吃一惊，连忙跳下床，俯在地上自呼死罪。朱元璋见其如此谦恭，心里十分高兴，命有关部门在此旧邸前修建一所宅第，门前立一石碑，并亲书"大功"二字。

徐达功高不骄，还体现在他好学不倦、严于律己上。放牛出身的徐达，少年时无读书机会，但他十分好学，虚心求教，每次出征都携带大量书籍，一有时间便仔细研读，掌握了渊博的军事理论。因此他每每临阵指挥，莫不料敌如神，进退有据，且每战必胜，令人心服。

身为统帅的徐达，还能处处与士兵同甘共苦。遇到军粮不济，士兵未饱时，他也不饮不食。扎营未定，他也不进帐休息。士卒伤残有病，他亲自慰问，给药治疗。如遇上士卒牺牲，他更是重视，筹棺木葬之。将士对他既感激又尊敬。

1385年，徐达病逝于南京。朱元璋为之辍朝，悲恸不已，追封其为中山王，并将其肖像陈列于功臣庙第一位，称之为"开国功臣第一"。

徐达之所以能不居功自傲，除其个人良好的修养外，还有更深层次的原因，那就是他知道功成名就后如何安身立命。这不能不说是高人自有高招。历史上几乎无一例外，每个皇权的确立，无不倚仗文臣武将的运筹帷幄决胜千里。但功臣往往成为权臣。在中国历史上，功臣权臣夺取皇权或挟天子以令诸侯，甚至黄袍加身的例子也不鲜见。所以，历代皇帝总是在政权到手后，视功臣为最大威胁，千方百计收回其权力。"杯酒释兵权"已算是非常"客气"了。"狡兔死，走狗烹；飞鸟尽，良弓藏；敌国破，谋臣亡"更成为许多皇权统治下残酷的事实。

事实上，朱元璋登基以后，从1380—1390年，受丞相胡惟庸牵连被杀的功臣、官僚共达三万多人。1393年，有赫赫战功的将领蓝玉以及与其有关的人士均被杀，先后牵连被杀的竟达几万人；洪武十五年的空印案，洪武十八年的郭桓案，被杀者更多达八万之众。

应该说，朱元璋用严刑重刑，杀了包括功臣在内的十多万人，实质上是强化其统治的手段，也是统治阶级内部残酷斗争的结果。另一方面，也与朱元璋的个人品格有关。从小与朱元璋在一起的徐达当然十分清楚"伴君如伴虎"的道理，他知道与这样的皇帝在一起，只能共苦，不能同甘，自己如果居功自傲，无异于引火烧身。所以，徐达夹起"尾巴"，低调做人，这既是徐达个人良好品行的体现，更是他保全自己的良策。

◆ 凡事不要太较真

处理事情的时候，一味地强调细枝末节，以偏概全，就会抓不住问题的要害，没有重点，头绪杂乱，不知道从哪里下手才是正确的。因此，无论是用人还是做事，都应注重主流，不要因为一点儿小事而妨碍了事业的发展。须知金无足赤、人无完人，我们要用的是一个人的才能，不是他的过失，那为什么还总把眼光盯在过失上呢？忍小节，不去纠缠小节、小问题，要宽以待人，用人之长。

《劝忍百箴》中认为：顾全大局的人，不拘泥于区区小节；要做大事的人，不追究一些细碎小事；观赏大玉圭的人，不细考察它的小疵；得巨材的人，不为其上的蠹蛀而闷闷不乐。因为一点儿瑕疵就扔掉玉圭，就永远也得不到完美的美玉；因为一点儿蠹蚀就扔掉木材，天下就没有完美的良材。

有一则关于"伯乐相马"的故事。秦穆公对伯乐说："您的年纪大了，您的家里，有能去寻找千里马的人吗？"伯乐回答说："好马可以从外貌、筋骨上看出来。但千里马很难捉摸，其特点若隐若现，若有若无，我的儿子们都是才能低下的人，我可以告诉他们什么是好马，但没有办法告诉他们什么才是天下的千里马。我有一个朋友，名字叫九方皋。他相马的本领，不比我差，请您召见他吧！"

于是秦穆公召见了九方皋，派遣他去寻找千里马。三个月之后，九方皋回来了，向秦穆公报告说："千里马已经找到了，现在在沙丘那个地方。"穆公问他："是一匹什么样的马呢？"九方皋回答说："是一匹黄色的母马。"秦穆公派人去取，结果是一匹公马，而且是黑色的。秦穆公非常不高兴，于是将伯乐招来，对他说："真是糟糕极了，您让我派去的那个寻找千里马的人，连马的颜色和雌雄都分辨不出来，又怎么能知道是不是千里马呢？"伯乐长叹一声说道："他相马的本领竟然高到了这种程度！这正是他超过我的原因啊！他抓住了千里马的主要特征，而忽略了它的表面现象；注意到了它的本领，而忘记了它的外表。他看到他应该看到的，而没有看到不必要看到的；他观察到了他所要观察的，而放弃了他所不必观察的。像九方皋这样相马的人，才真正达到了最高的境界！"那匹马被牵来了，果然是天下难得的千里马。

很多男人常常会埋怨陪伴女性买东西，既费时间，又很劳累。因为她们不是对花纹不满意，就是对式样百般挑剔，或者觉得虽然式样勉强过得去，可惜质料实在不行，因为各种因素而犹豫不决，结果常常空手而归。其实，这些毛病并非只有女性才有，一般人在工作或读书的时候，也会由于某种原因而产生迷惑。

一个人对于某事犹豫不决时，就会发生如上的迷惑或彷徨。这时候，如能针对自己的目的，抓住核心问题来研究，就可以发现一条排除迷惑的大道。例如，你要选购西装，不妨先明确地限定是何种花纹、式样、布料，如果决定以花纹为主，那么，式样和质料就可以作为次要考虑的条件。如果抓住重点来研究，自然能果断地选购，而且，以后也不会遭到别人的埋怨，自己也不会后悔。

俗语说的"眼花缭乱"这个词，正是上述的状况，但只要能有意识地视若无睹，就不会被眼前的情况迷惑。总之，最重要的是要先抓住问题的核心，其他问题则可列为次要。

所以我们应该做到下面的几点。

把着眼点放在较大的目标上。一个没有做成生意的售货员向经理报告说："买卖没做成，但我和那位客人吵嘴赢了。"在销售中，重要的是做成生意，而不是分辨谁对谁错。

在与员工一起工作时，重要的是发挥他的潜力，而不是就他们犯的小错误大做文章。

在与邻居相处时，重要的是互相尊重与友好相处，而不是总盯着他们是否在说别人的闲话。

如果用部队里的术语来说，我们宁愿失去一场战斗而赢得一场战争，也不愿因赢得一场战斗而失去战争的胜利。

在每次激动之前，问问自己："这事值得我那样大动干戈吗？"没有比这一提问更好的治疗为麻烦事而烦恼、激动的药方了。如果我们碰到麻烦事时，问自己一声："这事真的重要吗？"则至少90％的争吵与不和将不会发生。

不要掉进琐事的圈套中。在解决问题时，多想那些重要的事。不要为一些表象、肤浅的事情所淹没，要集中精力于大事上。

另外，爱较真的人，经常设法转变思想，不会圆润说话，这样即使坦诚的话语，也可能招致的是不满。

比如，同事甲认为同事乙小姐的衣服难看，便马上对她说，腿短而粗的人不适合穿这种裙子。结果乙小姐脸一沉，扭头便走，留下甲发愣。或者同事小李当着处长的面指点小王说："你的稿子里错别字很多，以后要仔细些。"实话固然是实话，但不久后公司却隐约有人传言：小李惯于在上司面前打击别人、抬高自己……倘若如此，小李恐怕才会意识到自己的真诚并不那么受人欢迎，既然这样，又何苦呢？

真诚并不等于不假思索地将自己的感觉说出来，因为你的感觉是否正确尚是一个需要判断的问题。人们对事物的看法都属仁者见仁、智者见智，本没有绝对的对错。所以，有些事其实不用那么去较真，过于较真的人经常会把自己的生活弄得混乱不堪。圆润为人要学会不较真。

◆ 老实的人不会吃亏

人要了解他人、褒贬他人是容易的，若要真正了解自己、正视自己却十分困难。要打扮、粉饰自己的外貌是容易的，但要做到事事都无愧于心并不容易。尽管如此，我们仍然要做到以诚待人，不要用欺骗的方法来与人相处。

我国著名的翻译家傅雷先生说："一个人只要真诚，总能打动人的。即使人家一时不了解，日后也会了解的。"他又说："我一生做事，总是第一坦白、第二坦白，第三还是坦白。绕圈子，躲躲闪闪，反而容易叫人疑心。你要手段，倒不如光明正大，实话实说。只要态度诚恳、谦卑、恭敬，无论如何人家不会对你怎么样的。"

世界上假的东西太多，它们可能一时会蒙蔽了不少人，但假的终究是假的，经不起真实的考验。我们在生活中，靠欺骗手段可能会赢得别人一时的尊重与信任，但远不如诚实更有用。

日本山一证券公司的创业者、小池银行和东京煤气公司董事长小池园国三，就是靠诚实的品德走向成功的。小池13岁就背井离乡，去做小店员。20岁时开了一个商店并替一家机器制造公司当推销员，有一个时期他推销机器非常顺利，在半个月内就跟33位顾客做成了生意。但很快他发现他新卖的机器比其他公司出产的同样性能的机器要贵。他认为，跟他订约的客户一旦知道会因被当成冤大头而感到难受。

于是，大感不安的小池立即带上订约书和定金，整整花了三天的时间，逐家逐户地去寻找顾客，老老实实地向他们说明情况，并请顾客废弃契约。这种诚实的做法使每一个订户都深受感动，结果不仅33人之中没有一个跟小池废约，反而加深了对小池的信赖和敬佩。

当消息传开后，人们知道小池经商诚实，纷纷前来他的商店购买东西，或是向他订购机器，他很快便成功了，不久就创立了山一证券公司。这位出身贫寒的小池成为大企业家之后说："做生意成功的首要条件是诚实，诚实就像是树木的根，如果没有根，树木就别想有生命了。"

做生意是这样，做人又何尝不是如此呢？作为一名现代人，即使做不到完全的大公无私，也不能时时处处光想到自己，更不能把利己的动机建立在损害他人利益的基础上。

然而，有不少人把诚实正直这些优秀品质和处世原则，贬为不屑一提的东西，甚至认为诚实就是傻，诚实之人就是傻子，混不开，吃不香，似乎只有"又厚又黑"才能成功。

其实，诚实正直的品质如同沙漠中的泉水、黑暗中的灯火，弥足珍贵。在人与人的交往中，一切虚情假意、曲意奉承总会有被揭穿的一天。尽管有人利用它爬上了高位，但谁能保证他不摔下来呢？

下面这个故事就说明了这个道理。故事说的是由于遗弃或收缴来的自行车无人认领，警察就决定将它们拍卖。

第一辆自行车开始竞投了，站在最前面的一位大约10岁的小男孩说："5元钱。"叫价持续了下去，拍卖员回头看了一下前面的那位男孩，他没有加价。接着又有几辆车出售，那位小男孩每次总是出价5元，从不多加。不过5元钱实在太少了，因为每辆自行车最后的成交价几乎都是三四十元。

渐渐地，人们都感到奇怪。暂停休息时，拍卖员问男孩为什么不再加价，小男孩告诉他，他只有5元钱。

拍卖快结束了，现场只剩下最后一辆非常漂亮的自行车，拍卖员问："有谁出价吗？"这时，站在最前面，几乎已失去希望的小男孩轻声地又说了一遍："5元钱。"拍卖员停止了唱价，观众也静坐着，没人举手，也没有第二个价。最后，小男孩拿出握在手中，已被汗水浸得皱巴巴的5元钱，买走了那辆全场最漂亮的自行车。

现场的观众纷纷鼓掌。任何人在现场都会被感染而为那个男孩鼓掌的，因为像他那样坦坦荡荡地去竞争的人实在太少了。

诚实的人不会吃亏。而自以为聪明、自以为得意、爱欺骗别人的人，最终一定是要受到惩罚的。

我们可以欺骗少数人一辈子，我们也可以欺骗多数人一时，但我们永远也不可能欺骗多数人一辈子。

◆ 自我解嘲保面子

古希腊伟大哲学家苏格拉底的妻子是一位脾气躁的女人。有一天，苏格拉底正和他的学生谈论学术问题，他的妻子突然跑了进来，不由分说地骂了一通，接着又提起装满水的水桶猛泼过来，把苏格拉底全身都弄湿了。学生以为老师一定会大怒，然而出乎意料，他只是笑了笑，风趣地说道："我知道打雷之后，一定会下雨的。"大家听了，不禁哈哈大笑，他的妻子也惭愧地退了出去。

幽默是化解矛盾的润滑剂。学着停下来看看滑稽的人生百态，即是生气的最佳解药。

美国幽默作家霍尔摩斯有次出席一场会议，席间他是身材最为矮小的人。"霍尔摩斯先生，"一位朋友脱口而出，"你站在我们中间，是否有鹤立鸡群的感觉？"霍尔摩斯反驳了他一句："我觉得我像一堆便士里的铸币。铸币面值10便士，但比便士体积小。"

当别人对你稍有不恭时，你如果不是大发雷霆就是极力辩解，这样做是极不明智的。自我解嘲不仅能赢得他人的尊重，而且会让人觉得你容易相处。

当年，里根任美国总统的时候，有一次在白宫举行钢琴演奏会招待来宾。正当里根在麦克风前致辞时，夫人南希一不小心，连人带椅子由舞台上跌到台下，全场来宾都站起来惊呼。还好地上铺了厚厚的地毯，南希立刻很灵活地爬了起来，又重新回到舞台上去。观众以很热烈的掌声为她打气。

中断了演讲的里根，确定了夫人没有受伤之后，清了清喉咙说："亲爱的，我不是告诉过你，只有在观众不给我掌声的时候，你才可以做这种表演吗？"

有一次，加拿大总统特鲁多邀请里根到加拿大访问。

正当里根在多伦多的一处广场上演讲时，远处有一群示威民众不时高呼反美口号，打断了里根的演说。

这种场面让特鲁多总统十分尴尬，面对远来的客人，他不知如何是好，只好频频向里根道歉。没想到里根总统却说："这种情况在美国是屡见不鲜的，这一群人一定是从美国白宫前面来到这里的，他们是想让我觉得来到这里就像是在家里一样。"

一句自我解嘲的话很快就化解了特鲁多总统满脸的尴尬。

有一位歌唱演员，初次演出就被观众赶下了舞台。别人关心地问他演出效果如何，他说："我很高兴，因为我初登舞台，观众就送给了我一幢房子。"听者耸耸肩说："我可不信。""真的，是给了。当然，每人只给了一块砖头。"依靠幽默，这位歌唱演员成功地战胜了自卑，恢复了自尊。日后，他一举成名。

在一个愚人节中，马克·吐温被人愚弄，纽约一家报纸报道说他死了。马克·吐温的亲友们信以为真，从各地赶来吊丧。当他们见到这位"死"去的作家正在写作时，异口同声地谴责那家造谣的报纸。马克·吐温却毫无怒色，他幽默地说："报纸报道我死是千真万确的，只不过把日期提前了些。"

林语堂说过："智慧的价值，就是教人笑自己。"在现实生活中，拿自己的错误开开玩笑，使人开怀大笑，你便已铺下了友谊之路。具有自我解嘲色彩的欢笑是你与别人进行内心沟通的捷径。善于自我解嘲不仅能让你在尴尬的境地中超然走出来，也能让他人了解你的智慧和善意，这样不仅不失面子，还能更好地与他人沟通交流。

◆ 得意不可忘形

在与成功人士交往的过程中，卡耐基领悟到，成功者即使在功成名就时也要时刻保持清醒的头脑，居安思危。他知道，轻敌、得意忘形的结果只会给自己带来麻烦。

在当今世界彩色胶卷市场上，只有两个对手的争雄：美国的柯达和日本的富士。

20世纪70年代，柯达垄断了彩色胶卷市场的90%。但是，1984年，富士公司在取得"第23届奥运会专用胶卷"的特权后扶摇直上，直逼柯达的霸主地位。

为什么会这样呢？第23届奥运会是在美国召开的，为什么在天时、地利、人和的情况下，柯达反而打了败仗呢？

主要原因在于柯达的骄傲轻敌。它被排除在奥运会赞助单位名单之外，是一个严重的战略性失误，正是这一原因，富士公司才有了一个发展的大好机会。

奥运会前夕，柯达公司的营业部主任、广告部主任等高级管理人员十分自信地认为，以柯达的信誉，奥运会要选择大会指定胶卷，非它莫属。因此，他们认为再花400万美元在奥运会做广告不值得。当美国奥组委来联系时，柯达公司的官员们盛气凌人，爱搭不理的，甚至还要求组委会降低赞助费。这时，富士公司却乘虚而入，出价700万美元，争到了奥运会指定彩色胶卷的专用权。

此后，富士公司竭尽全力地展开奥运攻势，在奥运场地周围树立起铺天盖地的富士标志，胶卷也都换上了"奥运专用"字样的新包装，各比赛场馆设满了富士的服务中心，一天可冲洗1300卷的设备和人力安排停当，承办放大剪辑业务的网点处处可见，富士摄影频频展出……"要使参加奥运会的运动员、观众能在奥运会上时时、处处看到富士"——这就是富士公司的广告宣传策略。

富士的强大宣传攻势，给柯达带来了巨大的冲击，随之，柯达销量明显降低。这下柯达公司才着急了，在十万火急的情况下召开了董事会研究对策。广告部主管立即被撤职，亡羊补牢的紧急措施一条又一条地下来：拨款1000万美元作为广告费，挽回广告战败局面。于是，在各地公路上出现了柯达的巨幅广告牌；聘请世界级运动员大做广告；主动资助美国奥运会和运动员；赠给300名美国运动员每人一架特制柯达照相机。这些措施虽然起到了一点儿作用，但失去了奥运会的独家赞助权，它已为时过晚、收效甚微了。

对于企业的发展来说，忌讳得意忘形，一着不慎带来的可能是巨大的损失。对于个人来说，也要做到得意不忘形。

宋太宗曾在北陪园与两个重臣一起喝酒，边喝边聊，两重臣喝醉了，竟在皇帝面前相互比起功劳来。他们越比越来劲，干脆斗起嘴来，完全忘了在皇帝面前应有的君臣礼节，侍卫在旁看着实在不像话，便奏请宋太宗，要将这两人抓起来送吏部治罪。宋太宗没有同意，只是草草撤了酒宴，派人分别把他俩送回了家。次日上午，他俩都从沉醉中醒来，想起昨天的事，惶恐万分，连忙进宫来请罪。宋太宗看着他们战战兢兢的样子，轻描淡写地说："朕昨天也喝醉了，记不起这件事了。"既不处罚，也不表态，以一句"朕昨天也喝醉了"打发了他们。

宋太宗这样处理，不失为明智之举，是作为一国之君对臣子的仁厚，但是试想一下，如果君主有意治罪臣子的话，那么这两位大臣因为他们的得意忘形轻则被降职，重则丧命，这都是有可能的。因此圆润为人，通晓人情世故，必须做到得意而不可忘形。

第七章　人生难得糊涂

◆ 为人处世不宜过于精明

翻开《二十四史》，我们可以从中看到，那些曾经站在历史的风口浪尖最后纷纷落马者，十有八九都是精明之人。我们可能会觉得很奇怪，既然是精明的人，又怎么会得到这样的下场呢？其实很简单，因为他们用尽心思、算尽机关，不免在于人于事中过于偏激，也必定会招致别人的嫉恨。

其实，在为人处世这方面，精明是一个人成功所必需的，但也要掌握好火候，没有分寸的精明那就成了"奸诈"。过头的精明，就变成了小聪明，这种人往往是聪明反被聪明误，说不定哪天就搬起石头砸在自己脚上。

有这样一个故事。盆成括做了大官，可孟子断言他的死期到了。果然，盆成括不久就被杀了。孟子的学生就问孟子是如何知道盆成括必死无疑的，孟子说："只有点儿小聪明而不知道君子之道，那就足以伤害自身。"孟子在这里所讲的"君子之道"，就是"中庸之道"，就是分寸。小聪明不能称为智慧，充其量也只是小道末技，可能有人会凭借着小道末技得逞一时，而最终是没有什么好结果的。

《红楼梦》中的王熙凤，可谓是一个绝顶聪明的人，她有着无与伦比的政治头脑和治家才能，而她应付各种事物的技巧，更是令人折服。但曹雪芹在给她的判词中是这样说的："机关算尽太聪明，反送了卿卿性命。"王熙凤算得上是"聪明反被聪明误"的典型了。

王熙凤在贾府可算是"巾帼英雄"。她想尽各种办法，用尽各种计谋，想使贾府在她的一手领导下，可以重新振作起来，或者至少维持着局面，不至于继续凋零。但她所有的努力，却招来了贾府上下的不满，最终也没能使贾家恢复以前的辉煌，死后连自己的女儿也保不住。她在《红楼梦》中是一个悲剧形象。王熙凤在贾家承受了比一般人更多的痛苦的折磨，且不说她在背后遭骂挨咒、劳心竭力，就是死时的凄凉也会让她感到无比的苦楚。而与之相反的，在小说中还有个李纨，并不劳心竭力，却落得自由自在，人缘也好，到中年时，儿子又功成名就。所以，事实上，王熙凤只知道耍小聪明，只知道进，不知道退。不会给别人留后路，也不会给自己留余地。不知道厚道待人，只知道损人利己。最后连她的丈夫也数落她、背叛她，这一切都只能给她痛苦，而这一切的根源，却只在于她自己。

聪明，是人生的一笔财富，关键就看你怎么用它。聪明，又是一把双刃剑。它可以帮助人战胜困难，又可以轻而易举地毁灭一个人。好算计人的人，无不以为自己是天下第一聪明之人，而谁也不可能将自己的算计掩藏得没有一丝一毫的痕迹，一旦暴露于光天化日、众目睽睽之下，那他的算计就被人识破，到时，算计者无处遁形，"老鼠过街，人人喊打"的场面，也不是一般人可以承受住的。

"赔了夫人又折兵"的典故，是在讽刺那些设计整人整不到，反而贴了老本的人。周瑜不能说不聪明，但"山外有山，人外有人"，在诸葛亮的计策下，周瑜"偷鸡不成，反蚀把米"。可见，喜欢耍小聪明的人，只会落人耻笑。

真正聪明的人，是善于使用聪明的人，主要是深藏不露，不到刀刃上或者不到火候，是不会轻易使用的。此外，在社交处世中，精明可以，但千万不能过头，要"适中""适当"而行，掌握其中分寸之后，才不会做"赔本生意"。

◆ 为人处世，"难得糊涂"

中国有一句人人都很熟悉的俗语"难得糊涂"，这是清代著名画家、书法家郑燮的一句名言。但凡在生活中有了点儿成绩、做出了点儿贡献的，或者那些自以为属于聪明、精明、人精行列的人都在自己的书斋里挂上了他的这四个字"难得糊涂"。

郑板桥知道"难得糊涂"的奥妙，所以他一生也就过得潇洒、坦然。

所谓糊涂，是指一个人头脑不清楚，不明事理。《宋史·吕端传》上有这么一段话："或曰：端为人糊涂。太宗曰：端小事糊涂，大事不糊涂。"同样，当我们看见一个人做事不合常理，或者有什么错误，我们总是不留情面地教训人家："你糊涂了不成？"

而所谓难得糊涂，是说一个人一生精明过人从不犯迷糊，这类人则最好犯几次糊涂，因为对于他来说，太不容易犯糊涂了。

现实当中，从古到今，除非是那些傻子白痴之类的人，能认识几个字、知道点儿人生道理、懂点儿人情世故的，哪个不自以为是属于人精那一类别的？说不上绝顶聪明，也该是聪明绝伦的，谁愿意承认自己是一个糊涂蛋呢？

奇怪的是，就是那些表面上看着木呆呆、傻呵呵，半天不吭一声，看着像个榆木疙瘩的人，人们都不说他们糊涂，而是说"大智若愚""大巧若拙"。所以，在这个社会中，人人都精明得像峨眉山上的猴子，只有玩人的份，哪有被人玩的份，你都找不到一个类似糊涂蛋的人。

为什么人一方面要把自己装扮成一个极其灵光的人，而有的时候却又要让自己装出一些糊涂来？我们这些虚伪的人到底在要什么把戏呀？

《红楼梦》中的王熙凤给了我们一个明确的答案：聪明反被聪明误。王熙凤何等的冰雪聪明，简直就是人中之尖子，恐怕这世上有很多男人都不及她。她八面玲珑，九面处世，外柔内刚；她表面向你微笑，心里却在给你下套子。她能说会道，贾府上下没有不知道她琏二奶奶的。一个看上她美色的贾瑞被她的计策整得一缕孤魂上青天；一个看上她老公的尤二姐被她的两面三刀给逼得吞金自尽；而她的"偷梁换柱调包计"李代桃僵，则送掉了黛玉脆弱的性命。

说到王熙凤的能耐，那可不得了，整个荣宁两府在她的整治下服服帖帖。一个秦可卿出殡这样的大事到了她手里简直是小菜一碟。

可王熙凤却是一个精明过头的女人。精明到处处好强、事事争胜，哪儿都落不下她，终于得罪了大太太，加之贾母撒手人寰，她的靠山没了，终于落到"聪明反被聪明误，反送了卿卿性命"的地步。

红学家感兴趣的是这样一个精明能干的女人最终结局如此悲惨，全在于她毕竟是一女流。毕竟没有看透官场上的处世哲学——难得糊涂。她被她的聪明、她的锋芒毕露给害了。

一个人在处世、生活中学会难得糊涂，会在很多方面受益无穷。那么，下面的几点，你需要牢记。

1. 避免矛盾和纷争

生活中的许多小事，如果我们采取难得糊涂的态度，睁一只眼闭一只眼，很容易小事化了。而如果你一是一、二是二，矛盾、纷争甚至流血牺牲都有可能发生。

夫妻在生活中常常会发生为争电视频道而抢遥控器的事情。如果一方糊涂一下，让着对方，对方看什么就跟着看，电视嘛，哪个频道不都是娱乐吗？大家就都会继续有电视可看了。如果两人互不相让，结果两个人对打起来，由此及彼，争吵到离婚的地步，多么可悲！

生活中有很多精明的人，总是喜欢揪别人的辫子，抓别人的缺点，以为这样做显示自己比他人高明，实际上这种语言、行为上的丝毫不糊涂却是造成两个人关系疏远、分道扬镳，甚至成为仇敌的根本原因。

2.可以使自己心态平和

与人交往、处世的关键要使心情愉快，而心态平和是心情愉快的前提，难得糊涂就可以使一个人心态平和。

如果你是一个牙尖嘴利、眼疾手快的人，你必然会发现一些别人注意不到的东西，如果你一笑置之，不加追究，不久你就会忘掉这些东西。而一旦你觉得自己无法不指出来，非要给他人一个昭示，既弄得他人满心不快活，你自己的心也难以平静下来。

一个老和尚和一个小和尚来到河边，一个年轻姑娘正犹豫着如何过河，看到和尚们来了便要求和尚帮助。

小和尚念了一声"善哉"，便抱着姑娘过了河，姑娘千恩万谢地走了。

走了相当长一段路，老和尚突然问："出家人，不近女色，今天你犯戒了。"小和尚哈哈大笑道："我早就放下了，怎么你还抱着？"老和尚听完面红耳赤。

很多人在处世时就像这个不懂真谛的老和尚，使自己心态处于不平和之中。

3.与人方便，与己方便

人常说："与人方便，与己方便。"难得糊涂无非就是给人方便。给人方便，人就会对你也方便。两个过于精明的人就像两只正在酣斗的公鸡一样，非要分出个你胜我败来，这于身心健康是没有什么益处的。

如果你是一个处处不糊涂的人，总是圆睁双眼，提高警惕地生活，那你累不累呀？你有没有身心疲惫的时候？你何不像一个大智若愚的人那样难得糊涂一下！

（1）要做到难得糊涂，一个人就应具备宽容的美德。有了宽容心，你完全可以对那些鸡毛蒜皮之类的小事付诸一笑。你完全可以对并不重要的事糊涂一下，你完全可以对无关紧要的事网开一面。

如果你这样做了，你会处于一种快乐的心境之中，正如人们常说的"原谅使人快活"。

（2）像宋代的吕端一样"小事糊涂，大事不糊涂"。要分清什么是大事，什么是小事。如果你是一个检察官，对于贪污腐败、行贿受贿之类的事绝不能糊涂；而对同事把你一盒烟拿了、不小心碰了你一下这种小事完全可以糊涂一下。

（3）别成为一个过于精明的人。过于精明的人常好为人师，指手画脚，求全责备，眼睛里容不得半点不合之处。这种精明人为了显示其精明处，常常是横挑鼻子竖挑眼，从来都不会难得糊涂一下，这种人属于招人厌的那一类。就像王熙凤一样，表面上大家都对她唯唯诺诺，可在暗地里，恐怕人人都恨她自以为是的样子。

◆ 做人就要光明磊落

一个人生活在这世上，若能不存私心、不挟私念，正直、诚恳地待人，公正、严明地处事，自会福星高照，当灾祸降临时化险为夷。

领导者作为一名单位主要的决策者，更重要的是应该忍住猜忌之心，不偏听偏信，行事待人皆需光明磊落，冷静思考，明辨是非曲直，方可灭小人的威风和邪恶之气而受人尊敬和爱戴。

汉昭帝继位时，还是一位只会撒娇、贪玩的孩童，于是汉武帝在去世时将昭帝托付给了朝中大臣霍光、上官桀和桑弘羊等人。又因霍光官至大将军、大司马，是几人之中地位最高的，故而朝廷大权均掌握在霍光的手中。

为此，霍光招来了上官桀、桑弘羊以及昭帝的姐姐长公主的嫉妒，再加上霍光因为一心为国，忠心不贰地辅佐着小皇帝，将国家治理得国泰民安，声誉不断地提高，更使得那些嫉妒他的人恨得牙痒痒。于是，他们密谋勾结了昭帝的哥哥（想当皇帝却没有当上的燕王刘旦），设计除掉霍光。

一晃好几年时间过去了，汉昭帝已经十四岁了，桑弘羊等人终于抓住了一个机会：趁霍光休假之时，派人冒充燕王刘旦的使者拿着一封伪造的书信去见昭帝。信中说："身为大将军的霍光在检阅御林军时摆的是皇上专用的仪仗，吃的是皇上才能享用的饭菜，而且未经皇上的批准，便擅自增调武官到大将军府，其耀武扬威、独断专行实乃目无法度，根本未将皇上您放在眼里！臣担心霍光图谋不轨，犯上作乱，对皇上、对社会不利。因此臣愿辞去王位，到宫中来保卫皇上的安全。"

此时，如果昭帝有一丝丝的猜忌之心，霍光则将大难临头了。上官桀、桑弘羊等人早已做好了一切准备，只要昭帝有一点儿动静，就会逮捕霍光。

可是，一直等到霍光休完假来上朝了，昭帝也没有什么举动。但霍光却在上朝前就听说了这件事，就没有上殿只等昭帝的发落。昭帝在殿前没有见着霍光便叫人去请。霍光只得摘掉自己的帽子向皇上请罪。谁知昭帝却让他戴好帽子，并说："大将军没有罪，我知道那封信是别人诬陷的。"众大臣均十分纳闷，皇上没做任何调查，没问任何人，又怎知那封信是假的呢？

昭帝见众人疑惑的神情，便开口解释道："大将军检阅御林军以及增调校尉都是最近的事，在不到十天的时间里，远在北方的燕王怎么可能知道？再说了，将军要耍阴谋也用不着校尉。这件事是有人在捣鬼，如果你们不信，只需去问问送信人还在不在就行了。"果然，当左右去找那位送信之人时，送信人早已不见了踪影。桑弘羊等人怕事情败露，连忙劝住要下令捉拿送信人的汉昭帝，不让追究这件事情了。从此，年轻的汉昭帝对霍光更加信赖。

不久后，上官桀、桑弘羊等人又设计准备刺杀霍光，但阴谋尚未实施，就被已发觉他们图谋不轨的汉昭帝和霍光治了罪，最后丢了脑袋。刘旦与长公主见大势已去也跟着自杀了。

霍光身正不怕影子斜，以坦荡、光明的胸襟和言行获得了昭帝的尊敬和百姓的爱戴；年轻的汉昭帝也没有凭一封伪造的信件就无端猜忌、怀疑忠心耿耿的大将军，反而凭借清醒的头脑和冷静的分析判别是非，发现真正图谋不轨、有私心的人，并在必要时刻果断做出决定，消除了一场内乱，稳定了社稷。

相反，上官桀、桑弘羊一帮人因不能忍受别人的权势高于自己，阴谋策划倒戈，结果却导致了自己的身败名裂。为求更多的荣华富贵反倒亲手葬送了已有的荣华富贵、高官厚禄甚至性命，真是得不偿失，只落得让人耻笑、唾弃的下场，何苦来哉！

人一生中总有遭遇挫折、被人误解的时候，但只要能心底无私，不争一时一事之短长，则自然可以处之泰然，心境如春天般温暖，忍受无端的怀疑与打击，待到峰回路转、柳暗花明之时，自可消除自己的不平之境。

◆ "难得糊涂"其实是一种聪明

"难得糊涂"，表面上看是糊涂，其实是一种聪明。这里的"糊涂"，并不是真糊涂，而是"假糊涂"，嘴里说的是"糊涂话"，脸上反映的是"糊涂的表情"，做的却是"明白事"。因此，这种"糊涂"是人类的一种高级智慧，是精明的另一种特殊表现形式，是适应复杂社会、复杂情景的一种高级的、巧妙的方式。一次，英国首相丘吉尔和夫人一同出席某要人举行的晚宴。

席间，一位著名的外国外交官将一只自己很喜欢的小银盘偷偷塞入怀里，但他这个小小的举动被细心的女主人发现了，她很着急，因为那只小银盘是她心爱的一套古董中的一部分，对她来说很重要。

怎么办？女主人灵机一动，想到求助于丘吉尔夫人把银盘"夺"回来，于是她把这件事告诉了克莱门蒂娜。丘吉尔夫人略加思索，向丈夫耳语一番。

只见丘吉尔微笑着点点头，随即用餐巾做掩护，也"窃取"了一只同样的小银盘，然后走近那位外交官，很神秘地掏出口袋里的小银盘说："我也拿了一只同样的小银盘，不过我们的衣服已经被弄脏了，所以应该把它放回去。"外交官对此语表示完全赞同，两人将盘子放回桌上，于是小银盘物归原主。

在很多场合，很多人是不肯装糊涂的，并能够拍着胸膛理直气壮地叫嚷："我眼里不揉沙子。"不肯放过每一个可以显示自己聪明的机会，张口就是应该怎样怎样、不应该怎样怎样，遇事总是喜欢先用一种标准来判断一下对与错，却总是出力不讨好，原因就是不懂得难得糊涂的道理。在生活中，人们经常会遇到一时难以处理、难以解决的矛盾和冲突，人们可以借助于"故意的糊涂"，有意识地拖延时间，缓和矛盾、化解冲突，以便利用最佳时机解决问题——因此，这种"糊涂"实际上就是"明者远见于未萌，智者避危于无形"，是一种少有的谨慎，可以有更多的时间去专注于某项重要的工作，是一种策略。

张某与李某是对门的邻居，这天不知哪家的鸡在两家的路正中下了一个蛋。张某有事出门正巧看见了这枚蛋，当他伸手要拾起来的时候，李某正巧也出来了，李某上前一句："我家的鸡下的蛋，凭什么你拿起来？"张某不服气："凭什么说是你家的鸡下的，这是我家的鸡下的。"两个人你一句我一句地犟起来，李某见自己的嘴快不过张某，便抬手给了张某一巴掌，张某见自己吃了亏，跑回家拿来剪子，一气之下捅向了李某的腹部，李某当场死亡，张某被抓进了劳改所。两天后，张某对自己的做法越想越觉得窝囊，就自寻短见，一命呜呼了。

还有一顾客到菜市场买菜，向菜主讨价还价，菜主不同意，一番争执之后，菜主终于同意优惠一点儿，可当顾客选好了菜，要付钱时，菜主还是按原价收，顾客见菜主少找给了自己1元2角钱，就一肚子的不满，菜主说："愿买就买，不买就算。"顾客一听火冒三丈："我还不买了呢，你怎么着？"说完把菜往地上一扔，准备要走，菜主见状忙追上去让顾客捡起来。顾客就是不捡，菜主一急踩了顾客一脚，这个顾客不服输，拿起一秤砣就打向菜主的脑部，菜主当场晕倒，被送入医院。顾客本来想占点儿便宜，不愿吃1元2角钱的小亏，没想到自己却吃了管人家医疗费、医药费，还得照顾病人的大亏。这里举的两个例子都表明了有些人看问题时目光短浅、太重眼前利益，不会装装糊涂。像张某与李某，任何一方肯让一步，吃点儿小亏的话，也不至于断送两条人命；而顾客不愿吃1元2角钱的小亏，最后却吃了百倍的大亏。

人生在世，即使什么也学不会，也得学会吃亏。只要学会吃亏，你就烦恼从不上身，遇事游刃有余，心底坦坦荡荡，吃饭有滋有味。这种神仙般的滋味，是爱占小便宜的人根本体会不到的。

例如，在单位里多干些工作，哪怕工资还不如那些整天闲着的人拿得多也没关系。虽然眼前你付出的要比别人多，而得到的却又比别人少，从表面上看可能是吃亏了，但是谁工作干得多、谁的能力强，领导心中自然有数。若是将来有一天单位优化组合，想必哪个领导也不会让勤勤恳恳干工作的人下岗，而把那些吃饱了混天黑的人留下来。在竞争激烈的今天，能够保住自己的饭碗，对于养家糊口的你来说，难道不是福吗？

因此，遇事该糊涂时就糊涂一下，吃点儿亏让一步，不是弱者而是英雄，因为他用糊涂的智慧躲避了身后不可想象的事情。

一首《吃亏歌》中唱道："做人就应该能吃亏，能吃亏自然就少是非。"其中道理耐人寻味。从人的本性来说，几乎每个人都是"便宜虫"，几乎每个人都希望许多时候能占点儿小便宜，这并不意味着人们没有这些小便宜就没法生活了。恰恰相反，这些小便宜对绝大多数人甚至是可有可无的，因此，糊涂学提倡你在生活中能装装糊涂，吃点儿亏。

当然，这里所说的"糊涂"，是该糊涂时别明白，绝不是一味地

"糊涂"，适度的清醒和争执还是很必要的。为人处世何必太较真，做人是一门学问，甚至是用毕生精力也未必能勘破其中因果的大学问，多少不甘寂寞的人求原委，试图领悟到人生真谛，塑造出自己辉煌的人生。可是人生的复杂性使人们不可能在有限的时间里洞明人生的全部内涵。

做人固然不能玩世不恭，游戏人生，但也不能太较真，认死理。"水至清则无鱼，人至察则无徒"，太认真了，就会对什么都看不惯，连一个朋友都容不下，把自己同社会隔绝开。镜子很平，但在高倍放大镜下，就成了凹凸不平的山峦；肉眼看着干净的东西，拿到显微镜下，满目都是细菌。试想，如果我们"戴"着放大镜、显微镜生活，恐怕连饭都不敢吃了。再用放大镜去看别人的毛病，恐怕那家伙不可救药了。

人非圣贤，孰能无过。与人相处就要互相谅解，经常以"难得糊涂"自勉，求大同，存小异，有肚量，能容人，你就会有许多朋友，诸事遂愿；相反，"明察秋毫"，眼里不揉半粒沙子，过分挑剔，什么鸡毛蒜皮的小事都要论个是非曲直，容不得人，人家也会躲你远远的，最后，你只能关起门来"称孤道寡"，成为使人避之唯恐不及的异己之徒。古今中外，凡是能成大事的人都具有一种优秀的品质，就是能容人所不能容、忍人所不能忍，善于求大同存小异，团结大多数人。他们极有胸怀，豁达而不拘小节，大处着眼而不会目光如豆，从不斤斤计较，不纠缠于非原则的琐事，所以他们才能成大事、立大业，使自己成为不平凡的伟人。

不过，要真正做到不较真、能容人，也不是简单的事，需要有良好的修养，需要有善解人意的思维方法，需要从对方的角度设身处地地考虑和处理问题，多一些体谅和理解，就会多一些宽容、多一些和谐、多一些友谊。比如，有些人一旦做了官，便容不得下属出半点儿毛病，动辄捶胸顿足，横眉立目，属下畏之如虎，时间久了，必积怨成仇。想一想天下的事并不是你一人所能包揽的，何必因一点点毛病便与人斗气呢？可若调换一下位置，挨训的人也许就理解了上司的急躁情绪。

有位同事总抱怨他们家附近洗衣店的营业员态度不好，像谁欠了她八百块钱似的。后来同事的妻子打听到了女营业员的身世：丈夫有外遇，离了婚，老父亲瘫痪在床，上小学的女儿患哮喘病，每月两千多的收入都不够开销的，几口人挤在一间12平方米的平房里，难怪她一天到晚愁眉不展。这位同事从此再不计较她的态度了，甚至还想帮她一把，为她多包揽些生意。

在公共场所遇到不顺心的事，实在不值得生气。素不相识的人冒犯你肯定是别有原因的，不知哪一种烦心事使他这一天情绪恶劣，行为失控，正巧让你赶上了，只要不是侮辱了你的人格，我们就应宽大为怀，不以为意，或以柔克刚，晓之以理。总之，不能与这位与你原本无仇无怨的人瞪着眼睛较劲。假若较起真来，大动肝火，刀对刀、枪对枪地干起来，酿出个什么后果，那就犯不上了。跟萍水相逢的陌路人较真，实在不是聪明人做的事。假若对方没有文化，一较真就等于把自己降低到对方的水平，很没面子。另外，对方的触犯从某种程度上是发泄和转嫁痛苦，虽说我们没有分摊他痛苦的义务，但客观上确实帮助了他，无形之中做了件善事，这样一想，也就容过他了。

清官难断家务事。在家里更不要较真，否则你就愚不可及了。与老婆孩子之间哪有什么原则、立场的大是大非问题，都是一家人，非要用"阶级斗争"的眼光看问题，分出个对和错来，又有什么用呢？人们在单位中、在社会上充当着各种各样的规范化角色，恪尽职守的国家公务员、精明体面的商人，还有广大工人、职员，但一回到家里，脱去西装革履，也就是脱掉了你所扮演的这一角色的"行头"，即社会对这一角色的规矩和种种要求、束缚，还原了本来面目，你尽可能地享受天伦之乐。假若你在家里还跟在社会上一样认真、一样循规蹈矩，每说一句话、做一件事还要考虑对错、妥否，顾忌影响、后果，掂量再三，那不仅可笑，也太累了。头脑一定要清楚，在家里你就是丈夫、就是妻子。所以，处理家庭琐事要采取"绥靖"政策，以安抚为主。大事化小，小事化了，和稀泥，当个笑口常开的和事佬。

具体说来，做丈夫的要宽厚，在钱物方面睁一只眼闭一只眼，越马马虎虎越得人心。妻子给娘家偏点儿心眼是人之常情，你就别往心里去计较，那才能显出男子汉宽宏大量的风度。妻子对丈夫的懒惰等种种难以容忍的毛病，也应采取宽容的态度，切忌唠叨起来没完，嫌他这、嫌他那，也不要偶尔丈夫回来晚了或有女士来电话，就给脸色看，鼻子不是鼻子眼不是眼地审个没完。看得越紧，逆反心理越强。索性大撒把，就让他潇洒去，看他有多大本事，外面的情感世界也自会给他教训，只要你是个自信心强、有性格有魅力的女人，丈夫也不会与你隔断心肠。就怕你对丈夫太"认真"了，让他感到是戴着枷锁过日子，进而对你产生厌倦，那才真正会发生危机。家里是避风的港湾，应该是温馨和谐的，千万别把它演变成充满火药味的战场，狼烟四起，鸡飞狗跳，关键就看你怎么去把握了。

人生如此短暂和宝贵，要做的事情太多，何必处处计较呢？知道该干什么和不该干什么，知道什么事情应该认真什么事情可以不屑一顾。要真正做到这一点是很不容易的，需要经过长期的磨炼。如果我们明确了哪些事情可以不认真，可以敷衍了事，我们就能腾出时间和精力，全力以赴认真地去做该做的事，我们成功的机会和希望就会大大增加；与此同时，由于我们变得宽宏大量，人们就会乐于同我们交往，我们的朋友就会越来越多。

◆ 佯装反应迟钝是避免受人攻击的巧妙方法

头脑太聪明、个性太精明的人，通常都很难应付。由于脑子整天转个不停，不论什么事情都会事先预测好，这让人有松懈不得的感觉。同时，一发现别人的缺点，便会立即指出来，即使没有当场表明，也会让对方觉得"这个人不知道有什么企图"，警戒之心油然而生。这种让人随时心生警戒的人，怎么还有魅力可言呢？

如果一个人的作风太过敏锐、精明，与之接触的人都会受其指责，如此一来，当然谁也不会轻易将自己的真正想法告诉他。由此可知，一个人的表现如果过于敏锐，便成为其他人充分发挥所能的障碍。如果一个人能稍微掩饰自己的锋芒，使别人的能力得以充分发挥，这才是一位魅力十足的成功者。

日本政界著名的政治家大平正芳正是一位因未将内心的敏锐显露于外而获得成功的人物。其实，他是个相当聪明且反应灵活的人。由于生性酷爱读书，当他就任首相秘书时，不论多么忙碌，都会抽空逛逛位于神田的书店街，并买几本中意的书回家品味。他一向以说话速度慢条斯理而闻名，其实这可能是他故意隐藏敏锐的真面目，佯装成反应迟钝，而予人安心之感，此乃避免受人攻击的巧妙方法。

如此看来，迟钝可以隐藏锋芒，使自己逃脱众矢，从而成功地保全自己。

◆ 为人切莫太聪明

伊索寓言里有一篇是关于鸟、兽和蝙蝠的寓言。

鸟族与兽类宣战，双方各有胜负。蝙蝠总是站在胜利的一方。经过一段时间，鸟族和兽类宣告停战，争取和平，交战双方最终知道了蝙蝠的欺骗行为。双方都把很多罪名加在蝙蝠头上：内奸、叛徒、间谍……

因此，双方一致决定把蝙蝠赶出日光之外。从此以后，蝙蝠总是躲藏在黑暗的地方，只是到了晚上才能独自出来觅食果腹。

这则寓言告诉我们一个道理，为人切莫太聪明，巧诈不如拙诚。真正会圆润为人的人不会让自己的聪明太外露，聪明过了头，反而会招来大麻烦。

三国时期，杨修在曹操手下任主簿，起初曹操很重用他，杨修却不安分起来，起先还只是耍耍小聪明，如有一次有人送给曹操一盒奶酪，曹操吃了一些，就又盖好，并在盖上写了一个"合"字。大家都弄不懂这是什么意思，杨修见了，就拿起匙子和大家分吃，并说："这合字是叫人各吃一口啊，有什么可怀疑的！"

还有一次，建造相府，才造好大门的构架，曹操亲自来察看了一下，没说话，只在门上写了一个"活"字就走了。杨修一见，就令工人把门造窄。别人问为什么，他说门中加个"活"字不是"阔"吗，丞相是嫌门太大了。

总之，杨修其人，有个毛病就是不看场合，不分析别人的好恶，只管卖弄自己的小聪明。当然，光是这些也还不会出什么大问题，谁想他后来竟渐渐地搅和到曹操的家务事里去了。

在封建时代，统治者为自己选择接班人是一个极为严肃的问题，而那些有希望成为接班者的人，也不管是兄弟还是叔侄，简直都是急红了眼，所以这种斗争往往是最凶残、最激烈的。但是，杨修却偏偏不识时务地挤到了这场危险的赌博里去，而且还忘不了时时地卖弄自己的小聪明。

曹操的长子曹丕、三子曹植，都是曹操选择继承人的对象。曹植能诗赋、善应对，很得曹操欢心，曹操想立他为太子。曹丕知道后，就秘密地请歌长（官名）吴质到府中来商议对策，但害怕曹操知道，就把吴质藏在大竹片箱内抬进府来，对外只说抬的是绸缎布匹。这事被杨修察觉，他不假思索，就直接去向曹操报告，于是曹操派人到曹丕府前盘查。曹丕闻知后十分惊慌，赶紧派人报告吴质，并请他快想办法。吴质听后很冷静，让来人转告曹丕说："没关系，明天你只要用大竹片箱装上绸缎布匹抬进府里去就行了。"结果可想而知，曹操因此怀疑是杨修帮助曹植来陷害曹丕的，十分气愤，以后更讨厌杨修了。

还有，曹操经常要试探曹丕、曹植的才干，每每拿军国大事来征询他们的意见。杨修就替曹植写了十多条答案，曹操一有问题，曹植就根据条文来回答，因为杨修是相府主簿，深知军国内情，曹植按他写的回答当然事事中的，曹操心中难免又产生怀疑。后来，曹丕买通曹植的随从，把杨修写的答案呈送给曹操，曹操气得两眼冒火，愤愤地说："匹夫安敢欺我耶！"

又有一次，曹操让曹丕、曹植出邺城的城门，却又暗地里告诉门官不要放他们出去。曹丕第一个碰了钉子，只好乖乖回去。曹植闻知后，又向他的智囊杨修问计，杨修干脆告诉他："你是奉魏王之命出城的，谁敢拦阻，杀掉就行了。"曹植领计而去，果然杀了门官，走出城去。曹操知道以后，先是惊奇，后来得知事情真相，愈加气恼，于是开始找茬子要除掉这个不识趣的家伙了。

最后机会果然来了。建安二十四年（219），刘备进军定军山，他的大将黄忠杀死了曹操的爱将夏侯渊，曹操亲自率军到汉中来和刘备决战，但战事不利，要前进害怕刘备，要撤退又怕被人耻笑。一天晚上，护军来请示夜间的口令，曹操正在喝鸡汤，就顺便说"鸡肋"。杨修听到以后，便又要起自己的小聪明来，居然不等上级命令，只管叫随从军士收拾行装，准备撤退。曹操知道以后，他竟说："魏王传下的口令是鸡肋，可鸡肋这玩意儿，弃之可惜，食之无味，正和我们现在的处境一样，进不能胜，退恐人笑，久驻无益，不如早归，所以才先准备起来，免得临时慌乱。"曹操一听，差点儿气炸，大怒道："匹夫怎敢造谣乱我军心！"于是喝令刀斧手，将杨修推出斩首，并把其首级悬挂在辕门之外，以为不听军令者戒。

虽然曹操事后不久果真退了兵，但平心而论，杨修之死也确实罪有应得。试想两军对垒，是何等重大之事，怎么能根据一句口令，就卖弄自己的小聪明，随便行动呢？无论有没有前面所说的那些芥蒂，单这一点也足以说明杨修其人是恃才傲物、我行我素，只相信自己、不考虑事情后果的人。杨修的办事为人，确实值得考虑，我们只应把他作为前车之鉴，切不可把他当成聪明的楷模。

每个人都有自己的做人原则，有些人可能喜欢平淡从容，有些人可能喜欢锋芒毕露。我们会发现踏踏实实的人很容易与人共处，而锋芒毕露的人则没有什么太好的人缘。

◆ 外表糊涂，内心清楚

糊涂与清醒，糊涂一些好呢，还是清醒好呢？一般的答案一定是后者。可糊涂学却提倡前者。例如，电视剧《九品芝麻官》中，包龙星自幼家贫，但他立志要像先祖包公一样做个明镜高悬的清官。龙星长大，亲戚们出钱给他捐了个候补知县，是个九品芝麻官。龙星看似懒散糊涂的外表下有其他人难以企及的智慧，每断奇案，深受百姓爱戴。这便是外表糊涂、内心清楚的生活智慧了。

当然，如果一个人内心本来很清楚，却要他在表面上装糊涂，这确实是件很困难的事，非有大智慧者不容易办到。而做到了这一点，就是所谓的"清楚之糊涂"了，这跟老子所赞赏的"大智若愚"几乎如出一辙。

三国时期的司马懿，本来是个老谋深算、绝顶聪明的人，却总喜欢装糊涂。当年他在五丈原，凭借一套大智若愚、软磨硬泡的阴鸷功夫，终于拖垮了老对手诸葛亮，居功至伟，在国内也权倾一时。正因为功高震主，少不得引来同僚的妒忌和朝廷的猜疑。在这种情况下，司马懿干脆装起糊涂来，以病重为由长期在家休假，给人制造一种他行将就木的假象。但他的对头们还是不放心，派了个人以慰问病情为由刺探司马懿的虚实。司马懿干脆将计就计、顺水推舟，真的装出一副日薄西山、气息奄奄、病入膏肓的样子接待来使，演出了一幕生动的活剧。在司马懿的策划下，来人果然被蒙骗过去了，回去就说司马懿病势沉重，将不久于人世，于是司马懿的政敌们终于放松了警惕。就在这个时候，司马懿暗中培植羽翼，广罗亲信，神不知鬼不觉地布置自己的两个儿子抓住了京师禁军大权。后来他瞅准了一个时机，发动了"高平陵之变"，几乎将曹家的势力一网打尽。至此魏国军政大权尽数落在司马氏手中。

一个人充分运用糊涂学的技巧，会有很多意想不到的收获，也不失为保全自己的手段。细数古今中外，无论是政治、军事、外交、管理，其实都用得着"清楚之糊涂"的招数。所以对聪明人来说，正确的态度应该是什么呢？那就是"该清楚时就清楚，偶尔也要装糊涂"。

◆ 不要过于斤斤计较、精打细算

在日常生活中，有一些非常精明的人。他们处处要显得比别人更加神机妙算，更加讨巧投机。他们总在算计着别人，以为别人都不如他们聪明，而可以从中揩点儿油、讨点儿便宜。好像他们这样做就会过得比别人好。这种人功利心太重，把功利当作人际关系的首要，他们日子过得很累很紧张，过得很缺乏乐趣。

太精明的人的确过得很累。他算计着别人，占别人的便宜，肯定也会产生相应的心理，即别人也可能在算计他，也可能要侵占他的利益，因此，他必须处处提防，时时警惕，小心翼翼过日子。别人很随意说的一句话、干的一件事，也许什么目的也没有，但过于精明者就会在心里受到刺激，晚上回到家里，躺在床上也要细细琢磨，生怕别人有什么谋划会使他吃亏。这样，他在处理人际关系方面就显得不诚实、不大方，甚至很造作。我们碰到的许多生活中的精明者，性情都不开朗，心理都相当虚假，神经都相当过敏，为人都相当猥琐。这恐怕和他们过日子那种紧张感有直接的关系。

其实，真正聪明的人知道，做人不必太精明。这是指一般的生活以及平常的人际关系。生活毕竟不全如商场那样明争暗斗，杀机四伏，总需要些温情和睦、非功利的关系，因此也就没有必要过于斤斤计较、精打细算，反倒是随遇而安的好。

一个人要把日子过得舒服，单靠东捞一点、西占一点，靠算计别人是徒劳的。我们日子过得轻松愉快，在很大程度上要靠真诚、信赖、友好，碰到难处互相帮助，有了好处大家享受。这就要求我们每一个人都不必太精明，不必担心自己会失掉些什么。大家相互谦让、相互奉献、相互让利，关系融洽和睦了，比什么都好。不太精明的人容易和大家成为朋友，就因为大家可以正常相处，少有功利，多有温情，不必处处抱有戒心，有安全感。太精明的同事或朋友，总让人觉得不可靠。人们需要周围的人聪明、机智，但不要太精明。

古人提出了"难得糊涂"的处世哲学，我们可以不太精明，但应有智慧。在生活中，许多人并非真的糊里糊涂过日子，而是不想为过于精明所累。其间是因为有智慧。一个聪明人不会患得患失，也不会囿于世俗中的鸡毛蒜皮之事而无法自拔，这样的人心胸开阔，为人豁达，日子过得有意思、有价值。

在日常生活中，当自己的利益和别人的利益发生冲突，友谊和利益不可兼得时，首先要考虑舍利取义，宁愿自己吃一点儿亏。

舜敬父爱弟，可他的弟弟象表面看起来敬兄，内心却总想害死他。有一次他们俩去挖井，舜正在井内时，象却突然把井口封死。象以为舜必死，就想打他两位夫人的主意，于是来到舜家里。不料，舜大难不死，已从井的另一个出口脱身回到家里。

象刚进门，见舜在弹琴，只好尴尬地说："我正惦记着你呢。"

舜只是平静地说："多谢你的美意。你真是我的好兄弟，以后你协助我一起管理臣民吧。"

舜有如此广阔的胸怀，是他成一代帝王大业的重要基础。

林则徐有一句名言："海纳百川，有容乃大。"与人相处，有一分退让就受一分益；吃一分亏，就积一分福。相反，存一分骄，就多一分挫折；占一分便宜，就招一次灾祸。

天玄子说："利人就是利己，亏人就是亏己，让人就是让己，害人就是害己。所以说，君子以让人为上策。"吕子也曾经说："退己而让人，约束自己而丰厚他人，所以群众乐于被用，而所得是平时的几倍。……谦逊辞让，作为德的首位。"

一个人，对于事业上的失败，能自认这方面的错误，就能让人感德；在有成就时，能让功于他人，就能让人感恩。老子说："事业成功了而不能居功。"不仅让功要这样，对待善也要让善，对待得也要让得。凡是坏处就归于自己，好处都归于他人。他人得到名，我得他这个人；他人得到利，我得到他这个心。二者之间，轻重怎样，明眼人一看，就知道分寸了。让人为上，吃亏是福。所以曾国藩说："敬以持躬，让以待。敬就要小心翼翼，事情不分大小，都不敢忽视。让，就什么事都留有余地，有功不独居，有错不推诿。念念不忘这两句话，就能长期履行大任，福祉无量。"

从另一个角度来看，一辈子不吃亏的人是没有的。问题在于我们如何看待"吃亏"。

在人际关系中，是无法做到绝对公平的，总是要有人承受不公平，要吃亏。倘若人们强求世上任何事物都公平合理，那么，所有生物连一天都无法生存——鸟儿就不能吃虫子，虫子就不能吃树叶，世界就得照顾万物各自的利益。

既然吃亏有时是无法避免的，那何必要去计较不休、自我折磨呢？事实上，人与人之间总是有所不同的。别人的境遇如果比你好，那无论如何抱怨也无济于事。最明智的态度就是避免提及别人，避免与人比较这、比较那。而你应该将注意力放在自己身上，"他能做，我也可以做"，以这种宽容的姿态去看待所谓的"不公平"，你就会有一种好的心境，好心境也是生产力，是创造未来的一个重要保证。

将要取之，必先予之，这也是一种高明的处世方法。大凡当领导的，都喜欢办事得力、不斤斤计较的部下。阳刚之气过盛的领导，更不喜欢斤斤计较的部下。要取得他的信任，首先你自己要付出巨大的努力。凡是领导交给你的工作，都要尽最大力量去完成，争取每一件事都做得漂漂亮亮。对待个人利益一定要以大局为重，不去斤斤计较。遇到一些非原则性的小事，尽管自己觉得委屈，也不要去招惹你的上司，以免同他产生对立情绪。这样，就会让他觉得，他欠你的太多，在需要的时候，他必然首先想到你。常言说"吃亏是福"，就是这个道理。

◆ 小事糊涂，大事不糊涂

现实中更多的人往往是大事糊涂，小事反而不糊涂，特别注意小事，哪怕是芥蒂之疾，也偏要用显微镜去观察，用放大镜去渲染。于是，在他们眼里，社会总是一团乌云蔽日，人与人之间只剩下尔虞我诈。普天之下，可以与言者，也就只有"我自己"，这实际上是一种很不健康的处世方法。

美国著名的讽刺作家欧·亨利说："不明白的人永远像失去方向的螳螂。"在这个世界上到底有多少人真正明白自己又明白别人，很难下定性的结论。我们知道，大糊涂的人可能是小聪明，小糊涂的人可能是大精明，但是聪明是有分寸感的。太精明的人也会变成糊涂的人，这叫聪明反被聪明误。此为悟之道。

赵光义病重时立第三子赵恒为皇太子。当时，吕端即吕蒙正为宰相，他为人识大体、顾大局，很有办事能力，深得太宗赏识。太宗说他"小事糊涂，大事不糊涂"。不久，他便将相位让给寇准，退位参知政事。997年，太宗驾崩。围绕谁来继位的问题，宫内多有不同意见。再者，皇太子赵恒年已29岁，聪明能干，处断有方。但他是太宗的第三子，没有即位资格，这就引起其他皇子与大臣的忌妒和憎恨。但吕端却是站在赵恒一边的。他决心遵照先帝旨意，拥立赵恒即位。当然，他也就对宫中的一些情况细心观察。

正当太宗驾崩举国祭丧之时，太监王继恩、参知政事李昌龄、殿前都指挥使李继熏、知制诰胡旦等人，却暗地里密谋，准备阻止赵恒即位，而立楚王元佐。吕端心中有所警惕，但具体情况却并不清楚。李皇后本来也不同意赵恒即位。所以，李皇后命王继恩传话召见吕端时，吕端心头一怔，便知大事有变，可能发生不测。一想到这里，吕端便决定抢先动手，争取主动。他一面答应去见皇后，一面又将王继恩锁在内阁，不让他出来与其他人谋通，并派人看守门口，防止有人劫持逃走。之后，吕端才毕恭毕敬地来见皇后。

李皇后对吕端说："太宗已晏驾，按理应立长子为继承人，这样才是顺应天意，你看如何？"

吕端却说："先帝立赵恒为皇太子，正是为了今天，如今，太宗刚刚晏驾，将江山留给我们，他的尸骨未寒，我们哪能违背先帝遗诏而另有所立？请皇后三思。"

李皇后思虑再三，觉得吕端讲得有道理，况且，众大臣都在竭力拥立赵恒皇太子，李皇后也不便违拗，便同意了吕端的意见，决定由皇太子赵恒继承皇位，统领大宋江山。众大臣连连称是，叩首而去。

吕端至此还不放心，怕届时会被偷梁换柱。赵恒于998年即位为真宗，垂帘引见群臣，群臣跪拜堂前，齐呼万岁，唯独吕端平立于殿下不拜，众人忙问其故。

吕端说："皇太子即位，理当光明正大，为何垂帘侧坐，遮遮掩掩？"要求卷起帘帷，走上大殿，正面仔细观望，知是太子赵恒，然后走下台阶，率群臣拜呼万岁。至此，吕端才真正放了心。赵恒从此开始执政25年。

史官对吕端评价很高，宋史评论道："吕端谏秦王居留，表已见大器，与寇准同相而常让之，留李继迁之母不诛，真宗之立，闭王继恩于室，以折李后异谋，而定大计；既立，犹请去帘，升殿审视，然后下拜，太宗谓之大事不糊涂者，知臣莫过君矣。"

《菜根谭》有这样一段内容，俗话说"水至清无鱼，人至清无友"，乍听起来，似乎太"世故"了，然而，现实生活中许多事情都坏在"认真"二字上。有些人对别人要求得过于严格以至近于苛刻，他们希望自己所处的社会一尘不染，事事随心，不允许有任何一件鸡毛蒜皮的小事不符合自己的设想。一旦发现这种问题，他们就怒气冲天，大动肝火，怨天尤人，有一种势不两立的架势。尤其是有些知识分子，他们对许多问题的看法往往过于天真，过于理想化，过于清高。总觉得世界之上，众人皆浊，唯我独清，众人皆醉，唯我独醒。用这种天真的眼光去看社会，许多人往往会变得愤世嫉俗，牢骚满腹。所谓"水至清则无鱼"并不是认为可以随波逐流，不讲原则，而是说，对于那些无关大局、枝枝蔓蔓的小事，不应当过于认真，而对那些事关重大、原则性的是非问题，切不可也随便套用这一原则。

第八章 学会选择，学会放弃

◆ 学会放弃

每一次高傲的老鹰去猎食野鸭，都要恼火。因为那些聪明的野鸭每次都把它当作傻瓜似的戏弄，到了最后一刻，就潜进水里去，留在水下，比它在天空中翱翔着等候它们的时间还要长。

有一天早上，老鹰决心再试一次。于是它张开翅膀在天空盘旋了一阵，观察好形势，小心地挑选好要捕捉的野鸭。这高傲的肉食鸟，就像一块石头似的，直坠而下。但野鸭子比它更快，把头一钻，就潜进水里去了。

"这次我可不放过你啦！"老鹰恼火地喊叫道，也跟着插入水里去了。

野鸭一见老鹰栽进水里，就一摆尾巴，钻出水面，张开它的两翼，开始飞走。老鹰的羽毛全被水泡湿了，它飞不起来了。

野鸭子在它头上飞过，说：

"再见吧，老鹰！我能够飞上你的天空，但在我的水底下，你就要淹死啦。"

每个人都有自己的强项和弱项，强项是用来发挥的，弱项是用来规避的。用你的弱项去对抗对手的强项无异于自杀，最好的方法就是放弃这块肥肉。

◆ 坦然面对"不完美"

有一个圆，被切去了好大一块的三角楔，它想通过自己恢复完整，没有任何残缺，因此四处寻找失去的部分。因为它残缺不全，只能慢慢滚动，所以能在路上欣赏花草树木，还和毛毛虫聊天，享受阳光。它一路上找到各种不同的碎片，但都不合适，所以都留在路边，继续往前寻找。

有一天，这个残缺不全的圆找到一个非常合适的碎片，它很开心地把那碎片拼上，开始滚动。现在它是完整的圆了，能滚得很快，快得使它注意不到路边的花草树木，也不能和毛毛虫聊天了。它终于发现滚动太快使它看到的世界好像完全不同，便停止滚动，把补上的碎片丢在路旁，继续慢慢滚走了。

人生太完美了，也就没有了生活的乐趣，所以残缺也是一种美，是一种展现真实的美。

著名的音乐家托马斯·杰斐逊其貌不扬，他在向他的妻子玛莎求婚时，还有两位情敌也在追求玛莎。一个星期天，杰斐逊的两个情敌在玛莎的家门口碰上了。于是，他们准备联合起来羞辱杰斐逊。可是，这时门里传来优美的小提琴声，还有一个甜美的声音在伴唱。如水的乐曲在房屋周遭流淌着，两个情敌此时竟然没有勇气去推玛莎家的门，他们心照不宣地走了，而且再也没有回来过。

或许杰斐逊并不完美，也不出众，但是他有小提琴和音乐才华，他就不可战胜了。生活中，对自己的缺陷和弱点，不同的人会采取不同的办法，杰斐逊有小提琴，我们呢？其实我们都有自己的长处。

对于每个人来讲，不完美是客观存在的，但无须怨天尤人，在羡慕别人的同时，不妨想想，怎样才能走出误区。或用善良美化，或用知识充实，或用自己的一技之长发展自己。生命的可贵之处，就在于看到自己的不足之处之后，能坦然面对。

◆ 每个人都必须学会理智地放下

欧洲有一种大型猛禽叫金雕，它筑巢于高山峭崖，以尖利的喙和强壮的爪宣布自己是天空的王者。金雕一窝可以孵出两只幼雏。食物不足的年份，体重以惊人速度增加的小金雕就会挨饿，金雕妈妈也只能眼看着幼雏伸直脖子饥饿地叫着。这时，两只小金雕就互相挤靠，结果总是相对弱小的那只被挤下山摔死。

也许，人们难以理解金雕，但面对死亡，金雕必须如此，否则，就会全都饿死。金雕必须放下。岂止金雕，包括人类在内的所有动物都可能时时面临着痛苦的放弃问题。

在人迹罕至的大兴安岭深处，猎人们精心安放了捕兽夹。当狼的腿被夹住时，它会果断地咬断自己的腿，一瘸一拐地逃离。因为它明白，想当完整的狼已经没有可能，等下去，自己的皮将会变成褥子，肉会被焖在锅里，当瘸狼总比失去生命强。然而，当人们在面对放下的痛苦时，却常常不如狼果断。就以截肢为例，骨癌常发生在中青年女性腿上，当病情需要截肢时，有不少人却不听从医生的忠告，她们幻想着能通过各种"民间疗法"治愈骨癌，保留肢体，结果耽误了治疗时机，癌细胞扩散，最终失去了生命。

放下是痛苦的，但不放下结果是悲惨的。所以说，放下也是生存的一种方式，是勇敢者的行为。那么我们就应该理智地面对生活，该放下时就放下，用一时的痛苦换来长久的幸福。

2003年4月26日，美国登山爱好者拉斯顿到离犹他州东南150英里处的蓝约翰峡谷登山探险。在攀过一道3英尺长的狭缝时，一块巨石挡住了去路。他试图将其推开，不料它摇晃了一下，突然下滑，把他的右臂夹在了石壁中。尽管拉斯顿想方设法用左手去推巨石，却始终无法抽出右臂。那天，他的探险设备、干粮水壶和急救包等一应俱全，唯独没带手机。于是，他只好原地躺着，保存实力，等待别人来救援。干粮吃完了，拉斯顿便靠饮水度日。到了第四天，水壶中连一点儿水也没有了。

第五天早晨，当浑身无力的拉斯顿从断断续续的睡眠中醒来时，他终于明白：蓝约翰峡谷过于偏僻，人迹罕至，只有靠自己救自己了。他最后下定决心，用随身带的8厘米长的袖珍小折刀给自己的右手臂实施截肢。钻心彻骨的剧痛和大量失血使拉斯顿差点昏厥，但他仍然坚持从急救包中取出杀菌膏和绷带，给切断的右臂做了紧急止血处理。

之后拉斯顿跌跌撞撞上路了，走出7英里后被两名登山者发现。不久，一架救援直升机飞来了，拉斯顿终于获救，他的壮举使他成为美国人心目中的英雄。

"鱼，我所欲也；熊掌，亦我所欲也。二者不可得兼，舍鱼而取熊掌者也。"两千多年前，孟子就以形象的比喻把放下问题引入了深刻的哲理中。首先，摆出普遍现象：鱼、熊掌是人人都想同时得到的，然而，造化弄人，绝对不会给你那么多，一石三鸟、一箭双雕只是美好愿望，现实给我们的选择通常是只可选择一种。其次是指出解决的办法：既然不能两全其美，那么只能果断地放下。放下，是痛苦的，但又无奈。权衡之后，取主要的，要熊掌，眼看鱼让人端走，啥也别说。

看似轻松，即使无熊掌，鱼也不错，但紧接着孟夫子残酷地亮出真家伙，把问题引入伦理的顶端。"生，亦我所欲也；义，亦我所欲也。"要人命了，你怎么办？自此，围绕着"生"与"义"的取舍，中华大地演出了一场忠骨与佞臣惊心动魄的大戏。

令人心悸魂动的"舍生"虽非日常，但割舍无时无处不在。是舍钱买件名牌，还是看看就走让兜里多剩些钱；是跟哥们儿喝酒，还是陪妻子上街；是在效益不佳的单位维持，还是"跳槽"换换岗位……虽然没有发生亲娘和爱妻同时落水的难事，但仅有的钱向老母倾斜，还是先向着老婆？选择推理永远是人类思维的重要形式，考卷上选择总是大题。选什么，弃什么，时时在拷问着你。一般情况，选择无非有三种结果。鱼和熊掌一齐吃，是理想的，但可能性很小；鱼和熊掌中选一个，是理智的，虽只能得其一，其实最成功；鱼和熊掌都捞不到，是悲剧的，而原因又出自第一种，吃着碗里的看着锅里的，结果是鸡飞蛋打，飞了鹰又跑了兔。

理智是放下的最好注释。如果最好的"得兼"已限定了"不可"，说明已经不再属于你，爱也没用。放下痛心，但不放下结果更惨。其实，放下是自然界的规律，放下是人生的一种成长方式，是一种艺术，一种健康生活的艺术。人生需要执着，但执着是因为有了众多放下才闪耀光华；人生需要放下，有了明智的放下，才能迎来最后的成功。

所以说，放下是做人的功底，放下也是人生的一种必修课。

◆ 该舍弃时就千万不能"舍不得"

虽说人生获取不易，可割舍却也很难。我们总是在该放下时"舍不得"，舍去之后又后悔不已，实在很难做一个好的忍者。常言道"忍痛割爱"，这十分准确地道出了一个"舍"字的难度和境界。

世间最强的人是什么样的人呢？也许你会认为是有钱人、有财产的人、有地位的人，抑或是有名望的人……其实不然。世上最强的人可说是身无长物之人，也就是最肯"放下"的人——不留恋金钱、财产、地位、名誉、权力，甚至连命都不留恋的人，这才可怕。

我们在做选择、下判断、做决定时，最后能完全割舍一切的人实在伟大。因为即使因决定错误而致失败，也会当作原本就会失败而执着。对无法得到的东西就忍痛放弃，那是一种豁达，也是一种割舍。能在必须割舍时毅然地割舍，此乃是坚强与洒脱。不要以为只有能"取得"的人才是大智大勇，那些能毅然割舍的人，实在具有更高的智慧和更大的勇气。必须割舍却犹豫执迷，对自己有害无益。

你要有所取，必须有所舍。

"舍"，有时是有形的，如买东西、置产业，你需付钱；有时是无形的，如你要专心争取事业上的成功，必须舍去许多个人的享受。在遇上选择去留时，这种取舍的权衡就更为明显。就拿求职来说吧，职业对一个人来说，是极为重要的事，可偏偏出了问题，你又如何处理呢？

如果你是被老板开了，炒了鱿鱼，要认真总结自己为什么不适应这位老板。是自己的错，还是老板有问题；是工作问题，还是感情问题。想开了，割舍了，走人就是。不过，这种忍痛割爱最好少来，次数多了你就不痛不痒、麻木不仁了，那样可就无可救药了。

人们追求成功犹如爬山。一个又一个山头的征服过程虽很艰苦，但成功在望的鼓舞使你有勇气继续攀登，这是"取"的过程。但当你到达顶峰，享受殊荣之时，也就是你面临退下之日。对成功和荣誉的取舍，更需要巨大的智慧与决心。

猛然一看，也许会想：有金钱、财产、地位、名望的人都很伟大，很了不起，能握势掌权、呼风唤雨、君临天下，并常做出一副趾高气扬、瞧不起人的样子。但事实上完全不是那么一回事。当遇到社会大变动或大变革的兵荒马乱之际，最惊慌失措、手忙脚乱的就是这些一直站在顶点的人。

如果问其因，那是因为要失去现在所拥有一切的恐怖。在紧要关头时，最可怕的就是失去拥有的东西。

不了解这一"舍"的原则，取得越多时，越觉得负累沉重无从解脱。结果必致诸般牵绊与干扰纷至沓来，挥之不去，致使自己举步维艰，"取"之乐趣就变为沉重的拖累了。

另一种"舍"，是对求之而不得的事物的果断放弃，尽力而为是取的最高原则。尽力而为之后，发觉此事与己无缘，能潇潇洒洒地挥手而去，另求用武之地，另辟发展一己才华之道，这也是一种"舍"。再次强调：为了"得"，首先必须学会"舍"。

◆ 危机时要有果断放下的魄力

古希腊的佛里几亚国王葛第士以非常奇妙的方法，在战车的轭上打了一串结。他预言：谁能打开这个结，就可以征服亚洲。结果一直到公元前334年还没有一个人能将绳结打开。这时，亚历山大率军入侵小亚细亚，他来到葛第士绳结前，不加考虑便拔剑砍断了它。后来，他果然一举占领了比希腊大50倍的波斯帝国。

一位年轻人到一家餐馆应征，老板问：在人群密集的餐厅里，如果你发现手上的托盘不稳，即将要跌落该怎么办？许多应征者都答非所问。这个年轻人答道：如果四周都是客人，我就要尽全力把托盘倒向自己。最后，这位年轻人成了大事。

亚历山大果断地剑砍绳结，说明他放下了传统的思维方式；年轻人果断地把即将倾倒的托盘投向自己，保证了顾客的利益。

在某个特定的时刻，你只有敢于放下，才有机会获得更长远的利益，即使遭受难以避免的挫折，也要选择最佳的失败方式。

在许多年前的一次国际比赛中，一个名为法兰克·马歇尔的棋手走了一着常被赞誉为"最美妙一着"的棋。在那重要的一局中，他与对手——一位俄国大师——势均力敌。马歇尔的"王后"受到围困，但要杀出重围，仍是有几个办法可想的。由于王后是最重要的进攻棋子，观战的人都以为马歇尔会依常规，把王后走到安全的地方。

马歇尔对着棋局苦想了半天，时间到了，他拿起王后，略一停顿，随即卜在最不合常理的方格内——在那里，敌方有三枚棋子可以把王后吃掉。

马歇尔在紧要关头放弃王后，太令人不可思议了，观棋的人和马歇尔的对手都吃了一惊。接着，俄国棋手和其他的人都恍然大悟，明白了马歇尔走的是极高明的一着。不论对方用哪个子吃王后，都会立陷颓势。俄国棋手看出自己败局已定，只好认输。

马歇尔以大胆罕见的招数赢了对手：牺牲王后，赢了棋局。

一个棋手是否赢了一场比赛并不重要，甚至他的弃后妙招也不重要。重要的是他能够撇开传统的想法不囿于传统方式，愿意根据自己的判断，走这一险着。不管棋局结果如何，马歇尔都是真正的胜利者。

有时，为了顾全大局，保护更大的利益，我们也要学会暂时放下相对较小的利益。人生总是有得有失，有时放弃是为了大踏步地前进，放弃是真正的勇气，也是真正的智慧。

◆ 顾全大局、舍小取大的智慧

无数史实表明，一个人只有深谋远虑，从整体上分析和进行判断，顾全大局，舍小取大，才能做出正确的选择和决策。如果目光短浅，为小利所蒙蔽，就容易招致灾祸。

下面这个历史故事是一个血淋淋的"反面教材"。

春秋时，晋国是一个大国，它的旁边有两个小国，一个是虞国，一个是虢国。这两个小国是邻国，国君又都姓姬，因此关系非常密切。

虢国和晋国接壤的地方经常发生冲突，晋献公想灭掉虢国。但是他刚说出这个想法，大夫荀息就劝他说："虞国和虢国两国唇齿相依，如果我们攻打虢国，虞国肯定会出兵救援，这样我们不一定能占什么便宜。"晋献公问："难道我们就拿虢国没办法了吗？"荀息给晋献公出了一条计策："虢公荒淫好色，我们可以送给他一些美貌的歌女舞女，这样他就会纵情享乐，荒疏政务，我们就有机会攻打他们了。"晋献公就派人送了一些歌女舞女给虢公。

虢公大喜，果然成天荒淫享乐，不理朝政。晋献公问荀息，现在可以攻打虢国了吗？荀息说："如果我们现在攻打虢国，虞国还是会出兵救援的，还要用计离间他们。攻打虢国要经过虞国，我们可以向虞公送上一份厚礼，向虞国借道，这样他们两国就会互相猜疑，我们就可以从中取利了。"

晋献公一狠心，把晋国的国宝一匹千里马和一对价值很高的白璧作为礼物，派荀息送给虞公。荀息到了虞国，奉上礼物，虞公看着殿前的这匹千里马，只见它身长一丈五尺开外，高一丈有余，通体洁白并无一根杂毛，马头高高地仰着，气宇轩昂，似乎随时都能乘风而去，果然不比凡马。荀息见虞公看得两眼发直，在一旁说："这匹千里马日行千里，夜走八百，乃是我们晋国的国宝。"虞公听了不停地点头。荀息对虞公说："您再看看这对白璧，色泽白净如羊脂，拿在手里观赏，宝光夺目，温润可人，这对白璧没有一点儿瑕疵，雕琢得浑然天成，这也是我们晋国的国宝。"虞公把白璧拿在手里细细赏玩，看得眼珠子都要掉出来了。这时他唯恐荀息再把这些宝物要回去，急忙问荀息："贵国送我这两件宝物，是不是有什么事要我帮忙？"荀息恭恭敬敬地说："我们要讨伐虢国，想要向贵国借一条道，如果我们打胜了，所有的战利品都送给贵国。"虞公一听，晋国的条件对虞国来说简直不费吹灰之力，赶忙满口答应下来。

大夫宫之奇劝谏虞公道："且慢，此事万万不可答应，虢国和我国是近邻，有事互相照应，两国的关系就好比嘴唇和牙齿，嘴唇要是没了，牙齿就会觉得寒冷；要是虢国被消灭了，我们虞国也就危险了。"可是虞公现在所有的心思都在这两件宝物上，哪能把咽进嘴里的美味再吐出来？虞公心里知道宫之奇说得有道理，但是他看看那匹神骏的千里马，再看看案子上温润无瑕的白璧，沉吟了一会儿说："晋侯把国宝都送给我们了，可见他们的诚意，虽然会失去虢国这个朋友，但结交强大的晋国，这对虞国来说还是很有利的啊。"宫之奇还想再劝谏，站在他身边的大夫百里奚把他制止了。

散朝之后，宫之奇问百里奚："晋国送我们礼物，明显是不安好心，你为什么不让我劝谏国君？"百里奚回答："你看国君对那两件宝物那么着迷，他哪会听你的话？你这是把珍珠扔到地上啊。"宫之奇见到虞国很快就要遭到灭顶之灾，于是悄悄地举家潜逃了。

过了不久，晋献公派大将里克和荀息带领大军讨伐虢国，晋军借道经过虞国的时候，虞公还亲自出来迎接，他对里克说："为感谢贵国的盛情，我愿意带兵助战。"荀息回答道："您要是愿意帮助我们，还是帮我们骗开虢国的关卡吧。"虞公按照荀息的计策，带兵假装援助虢国，帮晋军骗开了虢国的关卡，晋国大军很快就灭了虢国。里克分了很多战利品给虞公，虞公看到一车车的金银珠宝和美女，乐得嘴都合不拢了。

里克借机说要把大军驻扎在虞国都城外休息几天。

这一天，有人报告虞公："晋献公到城外了。"虞公赶忙驱车出城迎接。两位国君见面，晋献公对虞公说："这次灭虢国，贵国对我们的帮助很大。现在我特地前来致谢，今日天气晴朗，我们一起去打猎如何？"虞公高兴地答应了，晋献公又说："围猎必须多派些人同去，贵国士兵熟悉虞国的地形，还请您多带些人。"虞公把全城的兵马都调出城打猎，他们正在围场上打猎，忽然看见百里奚飞驰而至，他急匆匆地对虞公说："出事了，您赶快回去吧！"虞公赶忙回城，到城门边一看，城门紧闭，吊桥高悬，城门楼上闪出一员晋军大将，他得意扬扬地对虞公说："上次多谢你们借道让我们灭了虢国，现在我们顺手把虞国也灭了。"虞公一听，吓得面如土色，他回头一看，身边只剩下百里奚了，虞公想起当初宫之奇劝谏自己的话，后悔不迭地对百里奚说："当初宫大夫良言相劝，我怎么就不听呢？唉，果然是唇亡齿寒啊！"

这时候，晋献公的人马也到了，他见到虞公眉开眼笑地说："我这次到虞国来，就是要亲手取回我们的两件宝贝的，不过看在你帮我们灭了虢国，并且把虞国也拱手相让的分上，我另送你一对玉璧和一匹千里马吧。"

由此看来，人无远虑，只顾眼前利益，必有近忧。开阔思路，以全面的观点看待事物，放下小利，才能够把握全局，正确预见未来，做出科学的决策，采取积极有效的行动。

◆ 以最适合的方式选择与放下

古代一个人违反了法律，要受到惩罚，县官就列出了三个处罚的方式，让他自己选择：第一种是罚款100元，第二种是吊在树上两个时辰，第三种是吃50个辣椒。

那个人想：还是吃辣椒划算，既不破财，也不痛苦。于是他选择了第三种处罚方式。他拿起辣椒吃起来，刚吃了几个感觉还可以，当他吃到第十个时，便感觉到嘴里火辣辣地痛，心里像烧着一团火，他难受极了。他又勉强吃了十个，实在坚持不下来了，他流着泪说："我再也不吃这要命的辣椒了，我宁愿被吊起来。"他又被一条结实的绳子吊了起来，不一会儿，他就感觉头晕目眩，遍身像是被砍了下来一样，绳子勒进了肉里，痛得他大声叫起来，他再也不想为了100元钱而受这个罪了，他高声地叫道："快放我下来，我要选择第一种方式，我情愿被罚100元钱。"他转了一圈，折磨也受了，最后，依然没有逃脱罚款的方式。如果他一开始就能想到，选择第一种方式，就不必再去尝试另外的痛苦，不会受两种罪了。正应了那句话：早知现在，何必当初呢？

在遇到亟须解决的问题时，有些人心中总是存在侥幸的心理，不愿意脚踏实地地在最理想的时候，以最适合的方式选择与放下，老想走"捷径"，到最后，走了许多弯路，吃尽了苦头，才发现：还是老老实实地干好！这样做虽然有时会显得"呆板"，却能够避免许多弯路。

为了获得更多，人活一世首先必须忍耐，必须学会吃亏。就像拳击一样，一个轻拳都受不了的人，是站在拳击台以外的人；拳击家有特别经打的铁下巴，吃几个轻拳根本不在乎，完全忍得住。而他的一记重拳往往能结束战斗获得高分。

精通大智慧的高手不管对方实力如何，总忘不了保留实力。如一个拳手孤注一掷的重拳一旦打空，便很难全身而退了。要为自己留有余地，马到成功的事毕竟不常有。

我们如果仔细研究古今中外的战史，将会发现，善战者不管己方实力如何，敌方虚实如何，交战之前，多半为战败之后的撤退预想退路。这并非是对胜利没有信心，或长敌人志气，而是保留实力应有的谋略。胜败乃是兵家常事，唯有知进退，方为大智。

有一年，香港特区政府财政拮据，又不好借钱，便想出了一条办法：拍卖中环海边康乐大厦所在的那块土地。这块地皮面积大，属于黄金地带，是定有大钱可赚的地方。消息传出后，有钱的人纷纷披挂上阵，就连远在港外的富翁们也都赶来参加投标。一时间，香港码头机场人满为患，饭店老板个个喜上眉梢。

不过看戏者虽多，演戏的就那么几个，真正打这块地皮主意的，在香港只有李嘉诚的长江实业有限公司和英国的"置地银行"。香港特区政府为了肥水不外流，有意让这两家中的一个获胜，采取了暗中投标的方式，让大家均不知道别人所投价格为多少——像小姐抛绣球一样，人人都觉得绣球往自己这儿来，可是人人又觉得全不是这么回事。

李嘉诚内心有谱，地皮虽好，也有个合理的价格，否则买回来也是蚀本，而"置地公司"必然拼命争取，以保存前几次败北留下的老面子。李嘉诚报上了自己的出价：28亿港元。那"置地公司"底气不足却要打肿脸充胖子，又料到李嘉诚必欲拼死抬价，于是豁出了老命，报出42亿港元的价格。结果当然是置地公司获胜。正当他们公司上下举杯庆贺时，打听消息的人员回来报告说，李嘉诚的报价比他们少14亿港元，顿时一个个脸色变得像死猪肝一样，总裁的酒杯也惊得掉在地上直滚，连连说上了大当。

李嘉诚精打细算，忍住了黄金地段的巨大诱惑，果断地全身而退，把烫手的山芋甩给了置地公司。明面上好像是输了，而实际上是忍术奇高的辉煌战果。如果忍不住，把自家资金全力押上，可得到个"失败"的风度，又有何意义？他虽然没有明显地退一步后又进两步，可一退躲过陷坑，这正是拳击中的低头躲闪术。

在交际中，此招通用无阻，比方说你遭到围攻时，如果对方势力比较强大，问题不可以正面解决时，你就可以采取迂回的策略，先退一步，再寻求进两步，最终战胜对方。

我们的人生是由一连串大大小小的决定衔接而成的。人所做的每一个决定，主要是依据权衡得失的结果，然而很多人往往见便宜就想得，生怕自己吃一丁点儿亏，这样一来使自己的路越来越窄，也很难有大便宜到手。

从客观的角度说，一个人只要愿意吃小亏、勇于吃小亏，不去事事占便宜、讨好处，日后也必有大"便宜"可得，也必成"正果"。相反，要想"占便宜"，则必须能够吃小亏，敢于吃小亏，这甚至可以说是一种规律。那种事事处处要占便宜的人、不愿吃亏的人，到头来反而会吃大亏。这也是为许多历史经验和先人后事所证明了的。

就拿与邻居相处这个我们常常遇到的事来说，人与人之间没了成见，彼此和睦的时候，鸡毛蒜皮，大家都可以付之一笑。而一旦有了成见之后，言者无心，听者有意，简直会风声鹤唳、草木皆兵。对方关门重了，咳嗽的声大了，洗衣服的水流过来了，往往都是你生气的根源，因为你会把这些事统统看作是故意的。

邻居相处，小小的误会在所难免，但千万别凭一时意气而争吵。争吵一旦开始，以后就处处都是吵架的资料，结果就会闹得鸡犬不宁，成为生活上的一大威胁。遇事忍一口气，大事化小，小事化了。忍耐一时并不难，更何况以后的好处是无穷的。

"吃小亏占大便宜"初听起来似乎是有些不道德，可如果邻里之间互相谦让，都舍得吃点儿小亏，维持了大好的生活环境，又何乐而不为呢？

我们不能想当然地把"出重拳""占大便宜"看成一种狭隘的整治别人、报复打击，这不是强者的得失观。但对于那些蛮横无理的人，瞅准机会狠狠地教训他们一顿，对他们也有好处。

这里主要强调了一种更高一级的胜利策略，因为我们不可能事事争强，处处占上风，所以我们可以主动地吃上几个轻拳，而把出重拳的主动权抓在自己手里。人更多的时候要面带善意，显示白色，一味地黑着脸去重拳打人是不可取的。

因为，这种放弃、让步、"吃小亏"，往往并不一定是为了达到某一个更高的目标，而常常是出于另一种原因，一种预测到也了解到自己不可能获得所有应该获得的机会和利益的明智。既然如此，我们又何必煞费苦心地去争、去比、去要呢？我们反正是要失去一些的，那么，把这种必然性的东西驾驭在自己的主动权之下，岂不是更好吗？这本身就已经是占了大便宜。因为不懂得这样做的人，表面上看，可能争上了他碰到的各种机会，但实际上他由于完全陷于已有的机会中，则不能不失去后来的各种机会的选择。能吃小亏的人则始终把这种主动权操在自己手中，尽管失去了一些机会，但也无妨大事。

◆ 该放弃就放弃，不可贪大求全

中央电视台有一个栏目是王小丫主持的《开心辞典》。

对于每一个参与者来说，总有许多梦想等待被实现，前面的陷阱一直在等待着你。主持人王小丫总是面带微笑地问参与者："继续吗？"如果继续就有两种结果：一个是成功，接着往前进；一个是失败，退回到你原来的起点。不进则退，不可能让你在原地待着，还能保持住已经取得的成绩。

答对十二道题的人并不多。但是，很多选手，都是一直往前，有好多人，已经到了第八道题，但因为一次失误，又回到了从前的点数。

那天，一个答题的人一直很幸运，一路到了第九道题。他怀孕的妻子就在台下，去掉个错误答案、打热线给朋友、求助现场观众，他都用过了，到了第九题，当他把自己所有设定的家庭梦想都实现后，王小丫问："继续吗？"

"不。"他说，"我放弃。"

看到这里，很多观众都是一愣，主持人王小丫也一愣。因为很少有人放弃，那是在全国电视观众面前，失败或成功都可以理解，本来就是一场智力加机遇的游戏。

但他放弃了。

王小丫继续问他："真的放弃吗？"而且一连问了三次。

他连犹豫都没有，然后点头，真的放弃。

"不后悔？"王小丫问。

他笑着说："不后悔，因为应该得到的已经得到了。"

最终，他只答了九道题，没有接着冲向完美的十二道，但是他说，已经很满足了，因为人生有许多东西必须放弃才会得到。

另一个男主持人问他："如果将来你的孩子长大后问你，爸爸，那天《开心辞典》你为什么放弃了？你会怎么说？"

他说："我会告诉他，人生并不一定非要走到最高点。"

主持人说："那你的孩子如果问，那我以后考80分就满足了，你怎么说？"

他笑着说："如果他觉得高兴，如果他付出了自己应该付出的努力，那么我认同。"

全场响起了热烈的掌声。

这就是一种豁达的人生态度吧，我们一直都以为要追求、永远追求，要一直向前，哪怕跌得头破血流，爬山时我们要达到山顶，在半山腰上停下的人会被看不起，跑步时我们要撞到红线，仿佛那才是唯一的目的。

从来不知道，原来，放弃也可以是一种快乐、一种睿智。

现代社会，经济快速发展，科技日新月异，物质日益丰富，人们所面对的选择与诱惑也越来越多。在这样的背景下，如何选择取舍实在是一个难题。然而，贪大求全却成了一些人的流行病：做学问的总想搞出大而全的"体系"，做生意的唯恐遗漏任何一个赚钱的机会，就连吃喝宴请也要讲究"十全大补"和"满汉全席"。但是，又有多少人会想到，人的时间、精力以及胃口是有限的，一味地贪大求全、四处开花，什么好处都想占到，最后难免顾此失彼，甚至闹出各种毛病来。

两千多年前的思想家老子通过对名誉、财富、得失等问题的追问和思考，得出一个结论：过分的贪恋必然会付出沉重代价，过多的拥有必然导致失去更多。所谓"少则得，多则惑""夫唯不争，故天下莫能与之争"，同样是讲矛盾的辩证转化。这些观点，在今天仍然发人深省。

◆ 该认输时就认输，该撒手时就撒手

学会认输，这一课没有哪个学校开设，却人人都应学会。

学会认输是什么？一个人如果听惯了这些词汇：百折不挠、坚定不移、前仆后继、永不言悔……那么，他需要学会认输。

学会认输，就是知道自己在摸到一张臭牌时，不要再希望这一盘是赢家。只有傻子才在手气不好的时候，对自己手上的一把臭牌说，咱们只要努力就一定会胜利。当然，在牌场上，大多数人在摸到一张臭牌时会对自己说，这一盘输定了，别管它了，抽口烟歇口气，下回再来。可在实际生活中，像打牌时这样明智的人，却少之又少。

学会认输，就是在陷进泥塘里的时候，知道及时爬起来，远远地离开那个泥塘。有人说，这个谁不会呀！不会的人多了。那个泥塘也许是个不适合自己的公司，也许是一堆被套牢的股票，也许是个"三角"或"多角"恋爱，也许是个难以实现的梦幻……

生活中不同的人在这样的泥塘里是怎样想的？他们会想，让人家看见我爬出来一身污泥多难为情呀；会想，也许这个泥塘是个宝坑呢；还会想，泥塘就泥塘，我认了，只要我不说，没人知道；甚至会想，就是泥塘也没关系，我是一朵荷花，亭亭玉立，可以出淤泥而不染……

学会认输，就是在被狗咬了一口时，不去下决心也要咬狗一口；就是在被蚊子咬了一口以后，不气呼呼地非要抓住"元凶"不可……

也许有人会说，这有什么不懂，谁又不是傻子。

不过在现实生活中，被狗咬以后，很难做到不去跟狗较劲。

学会认输，就是上错了公共汽车时，及时地下车，另外坐一辆车。

这也好懂，只是人们这样的行为，一旦不是在公共汽车上出现，自己就不太愿意下车了。在人生道路上，我们常常被高昂而光彩的语汇弄昏了头，以不屈不挠、百折不回的精神坚持死不认输，从而输掉了自己！学会认输才应该是最基本的生活常识，臭牌教过我们，泥塘教过我们，蚊子和狗也教过我们，只是我们一离开这些老师，就不愿从上错了的车上走下来。

所以记住：该认输时就认输，该撒手时就撒手。

第九章　要有一颗宽容和包容的心

◆ 海纳百川，宽容是福

世间，总有许多事让人难以忘却，耿耿于怀，如被欺骗、被伤害、被逼背井离乡……多年以后羽翼渐丰便为复仇而来。恩恩怨怨，难以化解，一直循环往复。这些恩仇录载于各民族的历史，存在于各个时空，甚至有的恩仇还引起了战争，殃及无辜。此种争斗，不论谁胜谁负都是耗精费时的，以至成为世代恩仇，便有了斩草除根的毒手；而野火烧不尽，春风吹又生，世世代代长此以往，耗尽心力、财力、物力，也难获利益，也难得清静……究其因，就是不能忍、不能让。

有的人则善于忍让，以其宽大的胸怀包纳仇怨，结果就是名利双收。

隋末，李渊作为隋朝官员镇守太原，一方面要抗击北方突厥，另一方面要追剿强贼。李渊善于用兵，其子及部众又骁勇善战，许多盗寇纷纷归降或逃窜，略有功劳。

然而北方突厥铁骑异常剽悍，因贪恋中原的物产和美女时帛前来掳掠。616年，数万突厥骑兵围攻太原。就在李渊分身无术之时，强贼刘武周又乘势抢占了李渊防守的隋炀帝离宫——汾阳宫，将其间的美女珠宝献给突厥可汗。突厥可汗大喜，遂封刘武周为定杨可汗，并支持各路强贼兴兵作乱，致使李渊部众腹背受敌，节节失利，大有被隋炀帝降罪的可能。如此两难境地，部下皆劝李渊与突厥决一死战。此时的李渊没有去为个人得失争一时之长短，而是目标远大，心在中原，取代隋炀帝，如果这样就必须西进入关，争取更大的地域以获兵源粮秣。但太原又是兵家必争之地，绝不能放弃，可惜无重兵据守，如何是好呢？

李渊便向突厥可汗俯首称臣，敬献美女珠宝，并约定夺下中原，珠宝美女尽归突厥可汗，自己仅得土地。得了珠宝美女的可汗答应了，并且再也没有攻击率领少数人马驻守太原的李元吉，使得李元吉能够顺利治理好太原，有充足的后援粮秣输送到中原前线。突厥可汗还将大量骑兵、粮草供给他的"属下"李渊，使得李渊很快夺下了许多地盘，强盛之后的李渊并未立即报昔日战败之仇，而仍与突厥交好，只不过换了一下地位而已，正如此，才确保了北方的安宁。

如果李渊在战败时与突厥死战肯定两败俱伤，又哪来盛唐基业呢？如果李渊强盛之后急于复仇，那北方肯定是连年厮杀，国力自然衰败，也无兵力平定南方，大唐疆土因此可能少去许多，至少要晚许多年才能一统天下。能方能圆为大丈夫，李渊的忍让换来了大唐基业，而他能忍让是他有海纳百川之胸襟，有并吞八方之雄心，正因如此，他才没有与突厥、与刘武周争一时之名利。

可是在现实生活中，有些人因为蝇头小利与人争得面红耳赤，稍有机会便伺机报复；有些人因为受了气便在人后飞短流长……嫉妒、恃强凌弱、陷阱纷纷登场，使得人与人之间愈加疏远，怨恨迭出。于其中又能收益几许呢？很多情况是两败俱伤。大凡世间之争斗均因胸襟狭隘所致，与其陷入纷争不休，不如忍让修好，或退避三舍，求取成功。许多功成名就之人总是能摒弃前嫌，握手言和，共赴前程。

古人言：和气生财。在经济大潮推动下的社会莫不是在其动力下向前奋进的，如果将宝贵的时间与精力耗于无谓的争斗之中，那么你拥有的可能是仇恨、怨恨和贫穷。

多个朋友多条路，多个勇将多份胜利的机会。宽容与忍让不仅让人省去许多徒劳，还会给人带来成功和荣耀。

众所周知，争战最易使人将仇恨转化为杀戮，也最易让人将屠刀伸向敌人。历史上有许多战将常将俘虏残杀，这种暴行除了激起对手的仇怨以外，还"赢"得了千古骂名，如希特勒；而有的统帅不但宽待战俘，还为其升官晋爵，如努尔哈赤。

1580年，努尔哈赤亲率大军攻打齐吉达城，双方展开激战，骁勇善战的努尔哈赤于阵中左冲右杀，如入无人之境。"枪打出头鸟"，对方神箭手鄂尔果尼张弓搭箭，射中努尔哈赤头盔，箭矢穿盔入骨，努尔哈赤强忍疼痛拔出箭，并回赠敌手，鄂尔果尼的腿上同样留下了这场战争的纪念。努尔哈赤仍带伤激战，但又被对方神射手洛科射中颈部，这一箭就让努尔哈赤离开了战场，躺在了床上。此两箭若力度再大些就可取其性命，依照常人心态定会将对手碎尸万段，可是努尔哈赤并未这样。鄂尔果尼与洛科在数日后城破被俘，是油炸、活剥还是掩埋、沉河，只需努尔哈赤一句话，可努尔哈赤不但亲自给二人松绑，还赐给官爵，官升一级。此后，二人为努尔哈赤奋勇冲杀，立下赫赫战功。

努尔哈赤的宽大胸怀为他赢得了无数良臣猛将，他忍下的是个人仇怨，让的是个人私利，获得的却是大清的万里江山。忍让肯定不是获取成功的唯一条件，但肯定是成功者应有的品德，要成就事业非一人之力能为，如果与同辈争官阶利禄，与下属争功抢利，那么你将被众人抛弃，终难有所成。反之，则得到很多的帮助，人多势众，可将你推向成功。

商战中的同行更是拉不开打不散的冤家对头，世界各地商家竞相厮杀，不惜凭血本对垒，结果获利最大的是消费者和没有被卷入的商家。在21世纪初就有精明的商家相互联手，共同发展形成了国际化的大集团，相互取长补短，成为左右商战局势的"航空母舰"，如摩根财团、台塑集团，以及众多连锁超市。

奋斗中的人更应如此，凡事宽以待人、严于律己，在工作中做到劳、苦、忍、辱，以此获得更多的伙伴、更多的商机。少些倾轧，多些合作，让忍让为你开路才是善善之举。海纳百川，有容乃大，你所得到的回报将是丰硕而诱人的。那时，也别忘了让利于有功之士，这样，你的船的吨位就会越来越大……

◆ 生活中宽容的力量

阿拉伯著名作家阿里，有一次和吉伯、马沙两位朋友一起去旅行。三个人行经一处山谷时，马沙失足滑落，幸而吉伯拼命拉他，才将他救起。马沙于是在附近的大石头上刻下了"某年某月某日，吉伯救了马沙一命"的文字。

三人继续走了几天，来到一处河边，吉伯和马沙为了一件小事吵起来，吉伯一气之下打了马沙一个耳光。马沙跑到沙滩上写下"某年某月某日，吉伯打了马沙一个耳光"的文字。

当他们旅游回来之后，阿里好奇地问马沙为什么要把吉伯救他的事刻在石上，将吉伯打他的事写在沙上。马沙回答："我永远都感激吉伯救我，将他刻在石头上我就不会忘记，至于他打我的事，我会随着沙滩上字迹的消失，将其忘得一干二净。"

生活中慷慨的行为总是难以得到真诚的感恩。事实上，我们每个人每天的生活都依赖于他人的奉献，只是很少有人会想到这一点。记住别人对我们的恩惠，洗去我们对别人的怨恨，我们在人生的旅程中才能自由翱翔。学学上文中那个智者的样子，将不值得铭记的事情统统交给沙滩吧。涨潮的时候，海水会很快卷走那些不快，伴随着新一轮朝日诞生的，是你无忧的笑脸、无瑕的心。

孔子说："君子坦荡荡，小人长戚戚。"心胸平坦宽荡，心宽体胖，才能寝食无忧，与人交而无怨，这是做人宽容的处世艺术。我国谚语也说"月过十五光明少，人到中年万事和"。其中"和"字的确意味深长，它能容事容人，故可致乐致祥。人生本不必过于苛人苛己，得宽容处且宽容，何苦双眉拧成绳。宽容不仅是人与人之间交往的一种艺术，也是立身处世的一种态度，更是一种人格的涵养。宽以待人，不仅可以消灾弭祸，还可以远避羞辱。如果自己没做错什么，别人侮辱自己，那与己无关，不算是真正的侮辱；如果自己做错了什么，别人侮辱了自己，那是自己应受的，就更应该宽容别人。

◆ 宽容他人对自己的反感

也许没有人能够赢得所有人的好感，因为我们无法改变他人对我们的成见和看法。面对各种非议和反感，我们要用宽容之心来对待。这样，你才会得到解脱，甚至能快乐起来，改变这种窘迫的境地。以职场为例，刚走上工作岗位的职场红人，都应该注意与领导相处的问题。

上班伊始这段时间，是刚参加工作的成大事者逐渐熟悉情况、适应工作，并融入既定的人际关系网络的一个关键性时期。如果你做得得体、适当，便会很快为所在单位的领导和同事所接受，从而为你施展自己的才华铺平了道路。而如果你做得有失妥当，则会给人留下不好的印象，为既定的组织所排斥，那你工作起来自然就不会很顺心了。

在这里，我们将向那些刚走上工作岗位或即将走上工作岗位的成大事者，提出一些忠告和建议，以便使他们能吸取前人的经验教训，少走弯路，尽快地适应新的工作环境，能处理好与上级的关系并干出成绩。

被称为全世界最伟大的矿务工程师的哈曼，他毕生的事迹，每一则对我们都很有启发意义。现在我们就举一个当年他找寻第一份职业时的故事。

哈曼是耶鲁大学毕业的学生，而后又在德国的菲莱堡研读三年，学成后归国，开始谋求他的第一个职业。于是，哈曼就找到当时美国西部的大矿产业主哈斯特先生。哈曼运用了一个小计谋，使自己得到了这份工作。

福贝恩说："哈斯特是个性情执拗、重视实际的人。他一向不信任那些斯文秀气、专讲述理论的矿务工程师。因此，这位执拗粗暴的哈斯特便对哈曼说："我不录用你，只因为你曾在菲莱堡研究过，脑子里满是一些幼稚的理论。我可不需要文质彬彬的工程师！"于是，哈曼就回答道："如果你答应不告知我的父亲，我想向你说句实话。"哈斯特爽快地答应了。哈曼便说："其实，我在菲莱堡一点儿学问都没学到。"结果，哈斯特大笑着说："好！很好！你明天就来上班吧！"

哈曼是如何使一位非常执拗的人，轻易地让他达到目的的？原来，他只是运用了一个非常平凡的计谋而已，就是大家所谓的"稍微让步"这种计策。

应付一些意外的反对意见之最佳决策，就是静听他人的陈诉，以表示虽然我们并不苟同，但亦能尊重你的见解。

然而，在某种情况下，我们的策略又得更深一层：有些反对的意见，我仍必须采取自动退让的方法，否则便难以遏止。心中多虑、机警的人，在应付反对意见之时，总会尽量主动让步以退为进。凡有争执产生的时候，他们的心里总想着：如果稍微让步，应该不会有何大碍。

许多人对于自以为是的论点，总要坚持已见，不肯妥协。但是，那些自以为是的论点，对他人而言，常常只是无关紧要的论调而已。正如，哈曼从哈斯特的口中了解他有所偏见一样。通常领导只需要他人能尊重他的意见，维持他的"自尊心"罢了。

当罗斯福继麦金莱而就任美国总统之后，他的老友弗莱齐到华府拜谒他。而后弗莱齐自述他到总统的府邸谒见罗斯福的情形："我那位老友站着向我微笑，把手搭在我肩上，说：'你需要什么？'当他问我此话时，哈哈大笑起来。但是，我觉得他这一笑是为了掩饰一些厌恶。或许我不是唯一急于跻身政治生涯的人……因此，我也笑着表示，我并不需要什么。他看起来显然宽心多了，说道：'怎么可能！你是这班人中唯一的人才，其他人不是做官升职，就是入了监狱。'当时我认为，我到此拜谒已令他十分高兴。虽然我知道我时刻都可获得一个好差事，但是，我认为假如我能无求于他就告辞了，那么，我与罗斯福的交情将会更进一层。所以，我就此告退了。我带着一本西班牙文的自修字典，回到家中开始准备外交的职务。大约一年之后，我从报纸上看到一则要派遣一位美国的第一公使前往古巴哈瓦那的公告。这是一个非常有利的机会，我一向对古巴颇为熟悉，而且我也一直在研读西班牙文，我认为我早已非常熟悉那个地方了，其余的事情就更容易，我只需再到华府，把我的衷心希望及以往的研究告诉罗斯福即可。果然我的目的轻易实现了。"

这就是弗莱齐之所以能出任古巴公使，继而得以展开他历久且光辉的外交事业的缘故，也是他用以毛遂自荐的另一种方式。当初，他感到罗斯福的心中隐约藏有一份莫名的反感，于是，立即伺机引退，以等待另一个时机。这也是他于日后自我推荐得以成功的妙策。而他只带着一本西班牙文的字典回去自修，准备外交上的事务，这也是他顺利地担任古巴公使的基础。

由于时机不宜，领导表现得有抗拒、反感之意，这类障碍是时有之事。然而，遇有此种障碍之时，有远见的下属必定立即设法回避。在许多事件中，能够稍微地退让一步，反倒是使自己达到真正的需求和兴趣的妙策。

弗莱齐说："我不愿意做别人也想做的事情，但是，我常参照别人的方法去完成我想做的事情。"这句话正是我们所谓的"让步"诀窍的最好的诠释。

领导人物的最终目的，是在于引发他人自愿地臣服于他们，以达到双赢合作愉快的境界。当然，对方所引起的偶尔反感，均可能造成不悦的摩擦。但是，他们都了解这点，假若执意地藐视对方的抗议，即使一时胜利了，所得的成就仍是极为微薄的。

想要取得领导的认同，最好的方法，就是要懂得如何站在领导的立场，为领导着想。自己所坚持或是争取的事情，也要保障领导的权益，当然就容易取得领导的认同。

在这个世界上，任何事情都是相辅相成的，所以就要换位思考，如果换作是我，在什么样的情况之下我才会被认同？只有在领导的支持下，一切事情才有可能在良性循环的轨道上顺利进行。

◆ 宽容能获得巨大的财富

在现代社会，人们为了竞争和利益，通常是你死我活各不相让，宽容似乎很少为人提及了，然而，对成大事者的那种宽容心的培育却是获得财富和幸福的基础。莎士比亚之所以被称为最伟大的仁者，就在于宽容。在莎士比亚的36部戏剧中，"宽容"一词在33部中共出现了94次。从他的作品中，我们能够清晰地辨别出，莎士比亚几乎对所有的生物（不管是人还是动物）都抱有无限的宽容。

《圣经》上一个故事说，有个人招待了一群客人，等客人离去，才发现他们原来是上帝派来的使者。从此做父母的就教导孩子们说，碰到衣衫破烂或长相丑陋的人，切不可怠慢，而要帮助他，因为他可能是天上的仙人。这种故事在生活中也真能发生。

一个阴云密布的午后，大雨倾泻而下，行人纷纷逃进就近的店铺躲雨。这时，一位浑身湿淋淋的老妇人，步履蹒跚地走进费城百货商店。看着她狼狈的姿容和简朴的衣裙，所有的售货员都对她不理不睬。

只有一个年轻人热情地问她说："夫人，我能为您做点什么吗？"老妇人莞尔一笑："不用了，我就在这儿躲会儿雨，马上就走。"但是，她的脸上明显露出不安的神色，因为雨水不断地从她的脚边淌到门口的地毯上。

正当她无所适从时，那个小伙子又走过来说："夫人，您一定有点儿累，我给您搬了一把椅子放在门口，您坐着休息就是了。"两小时后，雨过天晴，老妇人向那个年轻人道了谢，并随意地向他要了张名片，就颤巍巍地走了出去。

几个月后，费城百货公司的总经理詹姆斯收到一封信，写信人指名要求这位年轻人前往苏格兰收取装潢一整座城堡的订单，并让他负责自己家族所属的几个大公司下一季度办公用品的采购任务。詹姆斯震惊不已，匆匆一算，只这一封信带来的利益，就相当于他们公司两年的利润总和。

当他以最快的速度与写信人取得联系后，才知道这封信是一位老妇所写，就是几个月前曾在自己商店躲雨的那位老太太——而她正是美国亿万富翁"钢铁大王"卡内基的母亲。

詹姆斯马上把这位叫菲利的年轻人推荐到公司董事会。毫无疑问，当菲利收拾好行李准备去苏格兰时，他已经是这家百货公司的合伙人了。

那年，菲利才22岁。

不久，菲利应邀加盟到卡内基的麾下。在随后的几年中，菲利以他一贯的踏实和诚恳，成为"钢铁大王"卡内基的左膀右臂，在事业上扶摇直上、飞黄腾达，成为美国钢铁行业仅次于卡内基的灵魂人物。

去弄清楚这个故事的真假已没有任何意义，但它表述的道理却千真万确：要想获得，就必须先给予；而最难得的，是那种不求回报的给予，因为它是以爱和宽容为基础的。

一个来自泸沽湖畔的摩梭乡下女孩，后来被世人喻为中国的"夜莺"的杨二车娜姆，也有过一段类似的经历。

娜姆初到美国留学时，生活拮据。她白天学习音乐和英语，晚上就在一个小餐厅里当服务员。

一天，有位面容憔悴、神情凄苦的老人，为躲避外面的狂风走进餐厅。所有的员工都漠视他，甚至有人因为他的寒酸想要赶他出门，只有娜姆动了恻隐之心，她知道很多美国老人晚年都很孤独，于是，她就搬了一把软椅让老人休息，并自掏腰包为他要了饮料。为了让老人开心，还专门为他点唱了中国的民歌，并热情邀请他参加中国留学生的聚会。渐渐地，老人笑逐颜开了。

两个月后，这位老人交给娜姆一封信和一串钥匙，信里装着一张巨额支票，娜姆惊愕万分。信的内容如下：

娜姆，我年轻的时候收养了三个越南孤儿，为此一直没有结婚。可当我含辛茹苦地教育他们长大成人自立后，他们却抛弃了我这个养父。

我退休前在一家公司当工程师，有着丰厚的收入。但钱对我这个历经沧桑、将要入土的老人毫无意义，我需要的是亲人的温暖和友谊。娜姆，只有你给过我这种金钱难买的情谊。现在，我已回到乡下落叶归根，我把这一生的积蓄和房子都留给你，用这些钱来实现你源于泸沽湖畔的音乐梦吧。

从此，老人杳如黄鹤。

娜姆心潮澎湃，感慨万千，为了告慰老人，她用这笔钱做了一张风靡全球的中国民族音乐专辑，并开始致力于中外文化交流。

从此，娜姆甜美的歌声响彻了全世界。

就是这么简单的道理：与别人为善，就是与自己为善，与别人过不去，就是与自己过不去。

◆ 宽容必能得到善报

嫉妒是由心理上的自卑和不平衡导致的，失败者不宽容，而成功者总是对别人有兴趣，关心别人。他们体谅别人的困难和要求。他们维护人性的尊严，和别人打交道时把他们当作人来看待，而不是当作游戏时的赌注。他们承认，每个人都有值得尊重和敬佩的独特个性。

在美国经济大萧条时期，有位17岁的姑娘好不容易才找到一份在高级珠宝店当售货员的工作。在圣诞节前一天，店里来了一位30岁上下的顾客，他衣着破旧，满脸哀愁，用一种不可企及的目光，盯着那些高级首饰。

姑娘要去接个电话，一不小心把一个碟子碰翻，六枚精美绝伦的钻石戒指落在地上。她慌忙捡起其中的五枚，但第六枚怎么也找不到了。这时，她看到那个30岁左右的男子正向门口走去，顿时意识到戒指一定被他拿去了。当男子将要触及门柄时，她柔声叫道：

"对不起，先生！"

那男子转过身来，两个人相视无言，足有几十秒。

"什么事？"男人问，脸上的肌肉在抽搐，再次问，"什么事？"

"先生，这是我头一回工作，现在找个工作很难，想必您也深有体会，是不是？"姑娘神色黯然地说。

男子久久地审视着她，终于一丝微笑浮现在他脸上。他说："是的，确实如此。但是我能肯定，你在这里会干得不错。我可以为您祝福吗？"他向前一步，把手伸给姑娘。

"谢谢您的祝福。"姑娘立刻也伸出手，两只手紧紧握在一起，姑娘用十分柔和的声音说，"我也祝您好运！"

男人转过身，走向门口。姑娘目送他的身影消失在门外，转身走到柜台，把手中握着的第六枚戒指放回原处。

这个小姑娘很会照顾对方的情面。那男子也很珍惜其善意没有露丑丢脸的时机，非常体面地改正了自己的错误。这不正是宽容所给人们带来的回报吗？

那种在心灵深处觉得"并不重要"的人不可能深深地尊重自己和关心自己。因为他自己也是"人"，他对别人所做的评价，无形中也就是对自己的评价。制造宽容一个很好的方法就是不在你心中谴责别人，不要评价别人，不要因为他们的错误而责怪和憎恶他们。要知道对别人的宽容的另一个方法是要人正视现实。人是重要的，不能永远被当作动物或者机器，不管是在家里、在事业上或者是在人与人之间的关系上。除此之外要努力通过认清别人的真实面目而真正认识人的价值，要注意留心其他人的感情、观点、欲望和需求。多考虑其他人要做些什么，有什么感受。

一位朋友常跟他妻子开玩笑，每次她问："你爱我吗？"他就对她说："每次我留心想一想，我的确是爱你的。"这句话很有道理。除非留心想一想别人，否则就感觉不到他们身上的一切。最后要懂得待人接物要想到别人也是重要的，应该把别人当作同等重要的人来对待。你与人相处时要考虑对方的感受。

◆ 宽容是种强大力量

宽容和谅解是一种很强大的力量，它能使人们被你吸引，使别人爱戴你、信服你，并愿意帮助你。尤其是作为领导人物，如果想要取得成功，那么就要在任何时候以宽容之心待人。

1963年夏天，时任国防部副部长的许光达大将患眼疾住进了北京的解放军总医院。经检查确诊为睑腺炎，该院决定由眼科一级教授张福星为他做手术。

张福星当时60多岁，新中国成立前曾在上海开办私人眼科诊所，有很高的能力。新中国成立后，他被上海第二军医大学聘去任教，后来被调入北京的解放军总医院高干病房，主要为高级首长治病。因为他有新中国成立前的那段历史，所以平时工作非常谨慎。尽管张福星很小心，可在给许光达做眼睛手术时还是出了一点儿问题，碰伤了角膜，许部长的眼睛红肿起来。

出了事故，张福星教授思想压力很大，尤其害怕别人将这些与他新中国成立前的那段历史联系起来。

许光达把张福星教授请到家里，安慰了一番，继续请他治疗，使张教授深为感动。

在张福星教授的医治下，许光达的眼疾很快就好了。大将许光达就是这样以他的充分信任和宽大的胸怀赢得了人们的敬佩和信赖。

日本电影《幸福的黄手帕》，描述了一位刑满释放的丈夫怀着忐忑不安的心情踏上回家路，但不知妻子是否还能爱他。因此事先通知妻子，如接受他回家，便请在门口挂一条黄手帕，否则他将继续远行，浪迹天涯。当他到达家门外时惊奇地发现无数条黄手帕在树上迎风招展。这个故事不知感动了多少人。生活中也确有相似的事例。

一个年轻的工人由于对工作不负责任，在生产的关键时刻马马虎虎，造成了重大责任事故，他被捕入狱了。在狱中，他后悔莫及，但他没有消沉，认真地反省自己的过错。快要出狱前夕，他给厂长写了封信，信中说："我清楚自己的罪过，很对不起大家。我即将出狱重新开始生活，我将在后天乘火车路过咱们的工厂。作为原来的一名职工，我恳切请求你在我路过工厂附近的车站时，扬起一面旗子。我将见旗下车，否则我将去火车载我去的任何地方……"那天，火车临近车站了，他微微闭上双目，默默地为命运祈祷。当他睁开双眼时，他看到了许多面旗子，是他的那些工友在举着旗子呼喊着他的名字。他泪流满面，没等车停稳就跳到接他的人群中去了。后来他成了那个企业中一名最优秀的工人。

他的厂长是一位有着宽容谅解之心的人，他成功地运用宽容之术使这个年轻的工人获得了新生。

◆ 宽容朋友射向自己的黑枪

这是一个让人灵魂震撼的故事。第二次世界大战期间，一支部队在森林中与敌军相遇，经过一场激战后，有两名来自同一个小镇的士兵与部队失去了联系。他们俩相互鼓励、相互宽慰，在森林里艰难跋涉。十多天过去了，仍然没有与部队联系上。他们靠身上仅有的一点儿鹿肉维持生存。经过一场激战，他们巧妙地避开了敌人。刚刚脱险，走在后面的士兵竟然向走在前面的士兵安德森开了枪。

子弹打在安德森的肩膀上。开枪的士兵害怕得语无伦次，他抱着安德森泪流满面，嘴里一直念叨着自己母亲的名字。安德森碰到开枪的士兵发热的枪管，怎么也不明白自己的战友会向自己开枪。但当天晚上，安德森就宽容了他的战友。

后来他们都被部队救了出来。此后30年，安德森假装不知道此事，也从不向人提及。

安德森后来在回忆起这件事时说："战争太残酷了，我知道向我开枪的就是我的战友，知道他是想独占我身上的麋肉，知道他想为了他的母亲而活下来。直到我陪他去祭奠他母亲的那天，他跪下来求我原谅，我没有让他说下去，而且从心里真正宽容了他，我们又做了几十年的好朋友。"

在牛津英文字典里，"宽容"的意思是原谅和同情那个受自己支配且无权要求宽大的人。

安德森在得知自己的战友对自己开了黑枪之后，完全可以报复他，将他置于死地，或者在日后的法庭上控诉凶手。但安德森竟然从战争对人性的扭曲、人求生存求团圆的天性上原谅了他的战友，依然与曾经想杀害自己的人做了一生一世的朋友。

宽容者原谅了别人时，他也得到一个轻松的自我——没有包袱，自在上路。

◆ 宽容避免致命的误解

如果你具备了宽容的能力和习惯，时时处处会先替他人考虑一下，致命的误解其实是可以避免的。

早年在美国阿拉斯加某个地方，有一对年轻人结婚了。但婚后生育时太太难产而死，遗下一孩子。小伙子又忙生活又忙事业，没有人帮忙看孩子，他就训练了一只狗，那狗聪明听话，能照顾小孩，咬着奶瓶喂奶给孩子喝，抚养孩子。

有一天，主人出门去了，依然叫它照顾孩子。

他到了别的乡村，因遇大雪，当日不能回来，第二天才赶回家，狗立即闻声出来迎接主人。他把房门打开一看，到处是血，抬头一望，床上也是血，孩子不见了，狗在身边，满口也是血，主人发现这种情形，以为狗性发作，把孩子吃掉了。主人大怒之下，拿起刀来向着狗头一劈，把狗杀死了。

之后，他忽然听到孩子的声音，又见孩子从床下爬了出来，于是抱起孩子；虽然孩子身上有血，但并未受伤。

他很奇怪，不知究竟是怎么一回事，再看看狗，腿上的肉没有了，旁边有一只死狼，口里还咬着狗的肉。狗救了小主人，却被主人误杀了，这真是天下最令人可悲的误会。

误会的事，往往是人在不了解真相、无理智、无耐心、缺少思考、未能体谅对方、未反省自己的情况之下发生的。误会一开始，就只想到对方的千错万错，误会而且越陷越深，弄到不可收拾的地步。人对无知的动物小狗发生误会，尚且会有如此可怕严重的后果，人与人之间的误会，则其后果更是难以想象。

第十章　不生气，就赢了

◆ 稳到最后的人是赢家

金庸老先生说："不生气，就赢了。"遇事，谁稳到最后，不露声色，谁就是最后的赢家；谁大发雷霆、失去理智，谁就会未战而输。人生难免遇到不如意的事情。许多人遇到不如意的事常常会生气：生怨气、生闷气、生闲气、生怒气。殊不知，生气，不但无助于问题的解决，反而会伤害感情，弄僵关系，使本来不如意的事更加不如意，犹如雪上加霜。更严重的是，生气极有害于身心健康，简直是自己"摧残"自己。

德国学者康德说："生气，是拿别人的错误惩罚自己。"古希腊学者伊索说："人需要平和，不要过度地生气，因为从愤怒中常会产生出对于易怒的人的重大灾祸来。"俄国作家托尔斯泰说："愤怒使别人遭殃，但受害最大的却是自己。"清末文人阎敬铭先生写过一首《不气歌》，颇为幽默风趣：

他人气我我不气，我本无心他来气。

倘若生气中他计，气出病来无人替。

请来医生将病治，反说气病治非易。

气之为害大可惧，诚恐因气将命废。

我今尝过气中味，不气不气真不气！

美国生理学家爱尔马为研究生气对人体健康的影响，进行了一个很简单的实验：把一支玻璃试管插在有水的容器里，然后收集人们在不同情绪状态下的"气水"，结果发现：即使是同一个人，当他心平气和时，所呼出的气变成水后，澄清透明，一无杂色；悲痛时的"气水"有白色沉淀；悔恨时有淡绿色沉淀；生气时则有紫色沉淀。

爱尔马把人生气时的"气水"注射在大白鼠身上，不料只过了几分钟，大白鼠就死了。这位专家进而分析：如果一个人生气10分钟，其所耗费的精力，不亚于参加一次3000米的赛跑；人生气时，体内会合成一些有毒性的分泌物。

经常生气的人无法保持心理平衡，自然难以健康长寿，被活活气死者也并不罕见。另一位美国心理学家斯通博士，经过实验研究表明：如果一个人遇上高兴的事，其后两天内，他的免疫能力会明显增强；如果一个人遇到了生气的事，其免疫功能则会明显降低。

生气既然不利于建立和谐的人际关系，也极有害于自己的身心健康。那么，我们就应当学会控制自己，尽量做到不生气，万一碰上生气的事，要提高心理承受能力，自己给自己"消气"。要学会息怒，要"提醒"和"警告"自己："万万不可生气"，"这事不值得生气"，"生气是自己惩罚自己"，使情绪得到缓冲，心理得到放松。

把生气消灭在萌芽状态。要认识到容易生气是自己很大的不足和弱点，千万不可认为生气是"正直""坦率"的表现，甚至是值得炫耀的"豪放"。那样就会放纵自己，真有生不完的气，害人害己，遗患无穷。

◆ 斗气会使人的眼界变小

斗气会使人的眼界变小，让人忘记了生气之外还有更重要的事情与更广阔的天地。与人对抗，应避免被激怒，你一怒，就会头脑发热，失去理智，使事情变得不可收拾。

在现实生活中，我们几乎时时可以碰到斗气的情形。

一对青年男女因意见不合而吵架，两人都很生气，可是谁也不想先开口道歉，这便是斗气。

某甲得罪了某乙，某乙回头羞辱某甲，某甲感到自己失去了颜面，便与某乙结下一仇恨的种子，结果总是伺机报复、明争暗斗，这也是斗气。

斗气是人类很自然的反应，可是斗气只能带给人一时的激情与满足，本身并没有什么积极的结果，甚至可以说，斗气的破坏性大于建设性。原因如下：

斗气会使你应追求的目标变得模糊。例如，夫妻斗气，会妨碍家庭幸福；同事间斗气，会荒废事业；两个公司斗气，会互相毁灭；两个国家为斗气而发生战争，会导致民不聊生。为斗气而投入大量的时间、精力和金钱，智者不为。

"气"是一种空虚和漂浮的东西，因此也是不能长久的。

很多人的失败都是因为自己故意斗气，只有到年纪大了之时，他们才明白斗气的荒谬可笑。"志"却是一种稳定实在、充满力量的东西，因此"志"与"气"相对，"气"绝无胜算之机。须知，一条线，你不能把它变短，你只有画一条比它更长的线，此谓"斗志"或"斗智"。一个问题，你不能快速地解决，那么你可以放弃与对手硬拼。

一位搏击高手参加锦标赛，自以为稳操胜券，一定可以夺得冠军。出乎意料，在最后的决赛中，他遇到一个实力超群的对手，双方竭尽全力出招攻击。赛至中场，搏击高手意识到，自己竟然找不到对方招式中的破绽，而对方却能找到自己防守中的漏洞，有效攻击得分。

比赛的结果可想而知，搏击高手惨败在对方手下，也失去了冠军的奖杯。

他愤愤不平地找到自己的师父，一招一式地将对方和他搏击的过程再次演练给师父看，并请求师父帮他找出对方招式中的破绽。他决心根据这些破绽，苦练出足以攻克对方的新招，在下次比赛时，打倒对方，夺回冠军的奖杯。

师父笑而不语，在地上画了一道线，要他在不能擦掉这道线的情况下，设法让这条线变短。

搏击高手百思不得其解，怎么会有像师父所说的办法，能使地上的线变短呢？最后，他无可奈何只能向师父请教。

师父在原先那道线的旁边，又画了一道更长的线。两者相比较，原先的那道线，看来变短了许多。

师父开口道："夺得冠军的关键，不仅仅在于如何攻击对方的弱点，正如地上的长短线一样，如果你不能使这条线变短，你就要懂得放弃在这条线上做文章，寻找另一条更长的线。当你自己变得更强时，对方就如原先的那道线一样，也就在相比较之下变短了。如何使自己更强，才是你需要苦练的根本。"

徒弟恍然大悟。

师父笑道："搏击要用脑，要学会选择，攻击其弱点，同时要懂得放弃，不跟对方硬拼，以自己之强攻其弱，你就是冠军。"

懂得放弃，不跟对方硬拼，全面增强自身实力，画出一条更长的线。就是故事中那位师父所提供的方法，更注重在人格、知识、智慧、实力上使自己加倍地成长，变得更加成熟，变得更加强大，以己之强攻彼之弱，许多问题便不治而愈，迎刃而解。

◆ 四招教你改掉坏脾气

一提到"脾气"，许多人都会认为是"脾"之"气"，是与生俱来无法改变的。因此，那些脾气不好的人，大抵是一贯如此，直至老死仍无任何改变。可事实上一个人脾气的好坏并不是天生的。

从前，有个脾气极坏的男孩，人人见到他都唯恐避之不及。男孩也为自己的坏脾气而苦恼，但他就是控制不住自己。

一天，父亲给了他一包钉子，要求他每发一次脾气，都必须用铁锤在他家后院的栅栏上钉一个钉子。

第一天，小男孩一共在栅栏上钉了37个钉子。过了一段时间，由于学会了控制自己的愤怒，小男孩每天在栅栏上钉钉子的数目逐渐减少了。他发现控制自己的脾气比往栅栏上钉钉子更容易，小男孩变得不爱发脾气了。

他把自己的转变告诉了父亲。父亲建议说："如果你能坚持一整天不发脾气，就从栅栏上拔掉一个钉子。"经过一段时间，小男孩终于把栅栏上的所有钉子都拔掉了。

父亲拉着他的手来到栅栏边，对小男孩说："儿子，你做得很好。可是，现在你看一看，那些钉子在栅栏上留下了小孔，它们不会消失，栅栏再也不是原来的样子了。当你向别人发脾气之后，你的那些伤人的话就像这些钉子一样，会在别人的心中留下伤痕。你这样就好比用刀子刺向某人的身体，然后再拔出来。无论你说多少次对不起，那伤口都会永远存在。其实，口头对人造成的伤害与伤害人们的肉体没什么两样。"

还有一个故事也颇能说明脾气坏并非天生的这个观点。

有位脾气暴躁的弟子向大师请教："我的脾气一向不好，不知您有没有办法帮我改善？"

大师说："好，现在你就把'脾气'取出来给我看看，我检查一下就能帮你改掉。"

弟子说："我身上没有一个叫'脾气'的东西啊。"

大师说："那你就对我发发脾气吧。"

弟子说："不行啊！现在我发不起来。"

"是啊！"大师微笑说，"你现在没办法生气，可见你暴躁的个性不是天生的，既然不是天生的，哪有改不掉的道理呢？"

如果你觉得情绪失控，怒火上升，试着延缓10秒钟或数到10，之后再以你一贯的方式爆发，因为，最初的10秒钟往往是最关键的，一旦过了，怒火常常可消弭一半以上。

下一次，试着延缓1分钟，之后，不断加长这个时间，1天、10天，甚至1个月才生一次气。一旦我们能延缓发怒，也就学会了自控。自我控制能力是一个人的内在素质。

记住，虽然把气发出来比闷在肚子里好，但根本没有气才是上上策。不把生气视为理所当然，内心就会有动机去消除它。其具体方法如下：

办法一：降低标准法。经常发脾气可能和你对人对事要求过高、过苛刻有关，也可能和你喜欢以自我为中心、心胸狭窄不善宽容有关。因此，通过认真反省，改变自己的思维方式和处事习惯，降低要求别人的尺度，学会理解和宽容忍让，是改掉坏脾气的根本途径。

办法二：体化转移法。怒气上来时，要克制自己不要对别人发作，同时通过使劲咬牙、握拳、击掌心等动作，使情绪转由动作宣泄出来。

办法三：逃离现场法。发火多由特定的情境引起，因此当怒气上来时，培养自己养成条件反射般立即离开现场的习惯，暂时回避一下，待冷静下来再处理事情。

办法四：精神胜利法。一说到精神胜利法，大家可能自然而然地就想到阿Q，并不屑为之。但偶尔精神胜利一下也未尝不可。相传某禅师偕弟子外出化缘，途中遇一恶人左右刁难，百般辱骂，禅师不搭理，该人竟穷追数里不肯罢休。禅师面无怒色，和弟子谈笑自如。恶人无奈，只得退后罢休。事后，弟子不解，问禅师："师父你遭此不公平为何不生气，不反击？"师父答道："若你路遇野狗朝你狂吠，你会放下身段与之对吠吗？弄不好惹它咬了你，难道你也去咬它？"禅师面对挑衅与侮辱的态度难道不是一种大智吗？

◆ 控制情绪的三个原则

自制不仅仅是人的一种美德，在一个人成就事业的过程中，自制也可助其一臂之力。

有所得必有所失，这是定律。因此说，要想取得成功，就必须付出努力，自制可以说是努力的同义语。

自制，就要克服欲望，人有七情六欲，此乃人之常情。古语有："食色美味，高屋亮堂，凡人即所想得，但得之有度，远景之事，不可操之过急，欲速则不达也，故必控制自己。否则，举自身全力，力竭精衰，事不能成，耗费枉然。又有些奢华之事，如着华衣，娱耳目，实乃人生之琐事，但又非凡人所能自克，沉溺其中而不能自拔，就不是力竭精衰的小事了，人必然会颓废不振，空耗一生。"

人最难战胜的是自己。换句话说，一个人成功的最大障碍不是来自外界，而是自身，除了力所不能及的事情做不好之外，自身能做的事，不做或做不好，那就是自身自制力的问题。

一个成功的人，当大家都做情理上不能做的事，他自制而不去做；当大家都不做情理上应做的事，而他强制自己去做。做与不做，克制与强制，这就是取得成功的因素。

控制自己的情绪和行为，是一个人有教养和成熟的表现。可是在生活和工作中，常常会有这样的人，他们总是为一点儿小事而大动干戈、发脾气，闹得鸡犬不宁，既破坏了和谐的工作环境，也破坏了同事间的团结。心理学家认为，冲动是一种行为缺陷，它是指由外界刺激引起，突然爆发，缺乏理智而带有盲目性，对后果缺乏清醒认识的行为。

有关研究发现，冲动是靠激情推动的，带有强烈的情感色彩，其行为缺乏意识的能动调节作用，因而常表现为感情用事、鲁莽行事，既不对行为的目的做清醒的思考，也不对实施行为的可能性做实事求是的分析，更不对行为的不良后果做理性的评估和认识，而是一厢情愿、忘乎所以，其结果往往是追悔莫及，甚至铸成大错、遗憾终生。

增强自制力，可以使我们有更多的机会获得成功的体验，使自己更加理智，遇事更为冷静，从而进入良性循环，使自我得到健康积极的发展。

有了较强的自制力，可以使人具有良好的人格魅力，增强自己的亲和力，更容易得到别人的认同，拥有更多的朋友和知己，使自己的交际范围更为广泛，在与朋友的交往中学习别人的优点，吸取别人的教训，进一步完善自我。

自制力可以使我们激励自我，从而提高学习效率；也可以使自己战胜弱点和消极情绪，从而实现自己的理想。怎样培养和增强自己的自制力呢？从理论上讲可以从以下几方面进行。

1. 认识自我，了解自我，深入自己的内心

人最大的敌人不是别人，而是自己。只有认识自我，在取得成绩时，才能保持平常的心态，不会因此而骄傲自满，丧失自我，对自己的能力进行过高的估计；只有认识自我，在遇到挫折和失败时，才不会被其击倒，一如既往地为着自己既定的目标而努力，不会对自己进行过低的评价。任何人都不可能一帆风顺地就成功了，也没有任何事情是不需要付出任何一点儿努力就能完成的。当我们遇到挫折时，当我们因为各种原因而后退时，我们就必须重新认识自我，只有在正确认识自我的基础上，我们才能重新找回自己的航行坐标，朝胜利方向前进。

我们随便找几个人问他了解不了解自己，得到的回答一般说来都是肯定的。很多时候，人们总是认为自己对自己最为了解，其实，你真的了解自己吗？不，其实很多人并不了解自己，也不能正确地认识自己。

很多时候，我们总认为自己是对的，但当事情有了结果之后，我们才发现自己的错误，我们常常以为自己完全了解自己，其实我们是被自

己蒙蔽了，或者说我们自己不愿意去正确地认识自己，我们情愿被自己的表象所麻痹。

怎样才算是认识自己了呢？认识自我，就是对自己的性格、特点、长处、短处、理想、生存目的、价值观、兴趣、爱好、憎恶、心理状态、身体状态、生活规律、家庭背景、社会地位、交际圈、朋友圈、现在处于人生的高峰还是低谷、长期或短期目标是什么、最想做的事是什么、自己的苦恼是什么、自己能够做什么、自己不能做成什么等方面做出正确全面的综合评估。

2. 学会控制自己的思想，而不是任由思想支配

人的具体活动，都是由思想进行先导，每个行为都受着思想的控制，有的是无意的，有的是有意的。但是，思想是构建在肢体之上的，它必须起源于我们的身体。在思想控制活动之前，我们就一定要先主动积极地对其进行正确的引导或者控制，修正其中的错误，发出正确的行动指令。这样，我们的行为才会减少冲动因素，使我们的情绪更为稳定，才能更为理性地看待问题。

要想控制思想，让其受我们自身的驾驭，就要知道自己想做什么、能做什么、不能做什么。当明确了这些之后，我们在思想上就可以为自己的行为定下一个准则，利用这个准则来指导自己该做什么、不该做什么。

要想掌控自己的思想不是件容易的事情，在活动进行的过程中，我们原先为自己定下的准则会时不时地受到各种因素的影响，使得我们所坚持的准则开始动摇甚至坍塌，所以，在活动进行的过程中，我们要时常检讨自己的行为，思考自己的得失，减少冲动、激进的心理，这样才能重新夺回思想的控制权，使自己的行为更为理性。

3. 树立远大的目标

一个有远大目标的人，能不理会身边的嘈杂而专注前行。一个想去麦加朝圣的行者，不会轻易在路途中听别人的话而改变路线，也不会轻易因别人的挑衅而拔刀相向。

因为有了努力的方向，所以不会盲目行动；因为身负重任，所以心无旁骛前行。有了自己最想完成的目标，我们的思想和行为或多或少都会受其影响，在一定程度上可以矫正我们的思想和行为，对我们自制力的增强将会起到积极的作用。

◆ 从小事做起养成自制力

如果你今天早上计划做某件事，但因昨晚休息得太晚而困倦，你是否会义无反顾地披衣下床？

如果你要远行，但身体乏力，你是否要停止远行的计划？

如果你正在做的一件事遇到了极大的、难以克服的困难，你是继续做呢，还是停下来等等看？

对诸如此类的问题，若在纸面上回答，答案一目了然，但若放在现实中，恐怕也就不会回答得这么利索了。眼见的事实是，有那么多的人在生活、工作中遇到了难题，都被打趴下了。他们不是不会简单地回答这些问题，而是缺乏自制力，难以控制自己。

要拥有非凡的自制力，并非看几本书、发几个誓就能立刻见效。九层之台，起于垒土。通过一件又一件的小事来锻炼自己的自制力，是提升自己自制力的一个切实可行的方法。

1976年，曾连续20年保持美国首富地位的"石油大王"，象征石油财富和权力的保罗·盖蒂去世。按照他的遗嘱，将20多亿美元遗产中的13亿美元交"保罗·盖蒂基金会"。

保罗·盖蒂曾不止一次地对他的子女们说："一个人能否掌握自己的命运，完全依赖于自我控制力。如果一个人能够控制自己，他就不必总是按喜欢的方式做事，他就可以按需要的方式做事。"这正是人生成功的要点。

保罗·盖蒂是一个富家子弟，年轻时放荡不羁。有一次，他开着车在法国的乡村疾驰，直到夜深了，天下起大雨，他才在一个小城镇找一家旅馆住下来。

他倒在床上准备睡觉时，忽然想抽一支烟。他取出烟盒，不料里面却是空的。由于没有烟，他就更想抽烟了。他索性从床上爬起来，在衣服里、旅行包里仔细搜寻，希望能找到一支不小心遗漏的烟。但他什么也没有找到。

他决定出去买烟。在这个小城镇，居民没有过夜生活的习惯，商店早就关门了。他唯一能买到烟的地方是远在几公里之外的火车站。当他穿上雨鞋、披上雨衣，准备出门时，心里忽然冒出一个念头："难道我疯了吗？居然想在半夜三更，离开舒适的被窝，冒着倾盆大雨，走好几公里路，目的只是为了抽一支烟，真是太荒唐了！"

他站在门口，默默思考着这个近乎失去理智的举动。他想，如果自己如此缺少自制力，能干什么大事？

他决定不去买烟，重新换上睡衣，躺回被窝里。

这天晚上，他睡得特别香甜。早上醒来时，他浑身轻松，心情很愉快，因为他彻底摆脱了一个坏习惯的控制。从这天开始，他再也没有抽过烟。

对于保罗·盖蒂来说，戒烟的真正意义不在于戒烟本身，而在于戒烟成功后对自己意志与自制力的磨炼与提升。因此，对于我们日常生活中的坏习惯，若能有所警醒，坚持做一些斗争并最终取胜，对于自己自制力的提升会有莫大的帮助。